# アファンの森の物語

C・W・ニコル

Art Days

アファンの森の物語　目次

# アファンの森の物語

# 1章　私の愛する森

アファンの森のシェルター

アファンの森で私が一番好きな場所のひとつ、それは「サウンド・シェルター」だ。「サウンド（音）」「シェルター（避難所）」という名前のとおり、雨や雪をしのぐ避難所であると同時に、森の音を楽しむ場所でもある。このデザインは、カナダの北極圏に近いユーコン準州に住むクチン族などイヌイットの部族が、カリブー狩りに使うシェルターを参考にしている。

クチン族のシェルターは、差しかけ式のテントのようなものだ。まず、三本の長い丸太をたばねてくくり、三脚のような形にして立てる。これを二組作り、少し離してならべ、一本の棒を横にわたす。その上から、大きなキャンバスの布をすっぽりとかぶせる。うしろと脇は布で覆われ、入り口の部分は開け放ったままの状態にして、できあがり。

人が自然のなかで暮らすには、火が必要だ。クチン族が住む地域にはモミやトウヒなど多くの木が生えていたので、たき火用のまきには困らない。しかし野生動物は炎を目にするとおびえて逃げてしまう。このシェルターは、ハンターが移動するカリブーを待ち伏せするためのものなので、たき火の炎が遠くから見えてしまっては役に立たない。

そこで、クチン族はちょっとした工夫をする。周囲の動物からは炎が見えないように、ある種の反射装置を作って、目かくしをするのだ。シェルターの入口の前、たき火をする場所の近くに腰ぐらいの高さの二本の木のくいを斜めに打ちこむ。次に長さ一メートルほどの丸太を、くいにそって積みあげる。こうすると外から炎の輝きは見えなくなり、しかもたき火の熱がシェルターに反射されて暖かくなる。

このシェルターのことを知ったのは、一九七一年、ユーコン準州を流れるオールドクロウ川の漁場の研究をしていたときのことだ。当時、私は地元のクチン族のハンターたちにくっついてよく狩りにいった。クチン族の居住区から百キロほど離れたところに、カリブー狩りのための野営地があった。群れで移動するカリブーはいつも、その付近の川を泳いでわたる。私はカリブー狩りのシーズンである秋に、ハンター四人とシェルターに三週間もこもって、カリブーの移動を待ったことがある。

あたりの景色は、紅葉の赤や黄色で鮮やかだった。涼しかったけれど、蚊とブユの活動がにぶくなるほどには寒くなかったので、たき火の煙は虫よけにもなった。

待ち伏せしている間は、一言もしゃべってはいけない、音を立ててもいけない。シェルターそのものは、川の土手に群生している柳の木のかげになっていたので、川からは見えなかった。大きい耳のように、シェルターは音を集め、増幅した。長い時間が過ぎ、ついにある日、遠い雷のような音が鳴り響いた。それは交通量の多いハイウェイの騒音にも似ていた。

カリブーだった。まだ遠く離れてはいたが、数万頭におよぶ群れが、ゆっくりと移動しながら、苔やツンドラ地帯に生える草を食べながら近づいてくる。

枝角がぶつかりあう大きな音、ひづめが岩をたたく音、腹の鳴る音、子どもの泣き声、成獣のうなり声、カチカチというひざが鳴る音、馬のような放屁の音。こうしたすべての音がひとかたまりの雑音となって、私たちが待つシェルターに伝わってきた。

私たちは火を消し、静かにライフルに弾をこめた。向こう岸のカリブーがどこから川を横断しはじめるかを見きわめるため、見晴らしのいい場所まで忍び足で移動した。最初に見つけた群のリーダーは、幸運にもこちらに向かって進んでいた。二人の若いハンターがカヌーに乗りこみ、一人は川上に、一人は川下に漕ぎだした。川ぞいの別のシェルターで待つほかのハンターを呼びにいったのだ。

ひとたび群のリーダーが川に足を踏み入れると、群れは一体となって川になだれこんだ。灰色と銀色、白が入りまじった流れのようになって、一心不乱に前に進む。この地点の川幅は一〇〇メートル以上あった。泳ぐカリブーをしとめるには、川船やカヌーで近づけば簡単だった。

白人が銃を持ちこむまで、先住民たちは狩猟に槍を使っていた。もちろん、私が同行したこの狩りのときには、槍はすでにライフルにかわっていた。ハンターは一人あたり三〇～五〇頭のカリブーをしとめる。多すぎるようにも思えるけれど、カリブーは人間の食料になるだけではなく、そりを引く犬のえさにもなる。狩ったカリブーの体は、まとめていかだで運ばれる。丸太に枝角をくくりつけられ、水に浮かんだ状態で（毛が中空になっているのでカリブーのからだは水に浮く）、クチン族の集落まで運ばれたカリブーは、住民全員の手で皮をはがれ、解体される。そのあとで豪華な宴会がくり広げられるのだ。

私たちのサウンド・シェルターは、クチン族の小屋よりも丈夫に造られている。木のデッキがついていて、屋根はスギ皮でおおわれた厚い板だ。炎の反射装置は丸太ではなく石で作られている。石は熱に強いだけでなく、音を集める機能がすぐれている。

このシェルターで私たちはとくになにかに耳をすましているわけでも、カリブーを待っているわけでもない。ただ座って、森の音を楽しむだけだ。鳥の歌、雄鶏のときの声、カエルの鳴き声、木々をわたる風の音、夏にはセミとコオロギの羽音、夜にはフクロウの鋭い叫び、キツネのほえ声、ヨタカの翼の風切り音、トラツグミの甘く悲しげな歌、または熊が立てる音……。

シェルターで一夜を過ごすのも楽しい。羊皮の上に寝袋を広げ、静かに燃え続ける炎の前で、数本のロウソクが投げかける穏やかな光のなかですごす。おいしい食物も持ちこむ。イワナやマスの串焼きや、シカ肉のシチュー、グリルで焼いたステーキ。心を喜ばせ、魂を暖める飲み物も忘れてはいけない。

ここでは、私はとても心安らかに、くつろぐことができる。この森にはクマもいるけれど、襲われる心配はしていない。食料のにおいが森の空気のなかに漂っても、火が燃えていれば大丈夫。たとえ好奇心の強いクマが暗闇のなかでにおいをかぎつけたとしても、炎を見ればあとずさり、どこかへ消えるだろう。

火はおそろしいものであり、破壊の源だが、快適さと暖かさ、保護をもたらすものでもある。

夜になると上演されるカエルのオペラは、耳に心地よい。最初はソロではじまるが、ときにはテノール、ときにはもっと低いバリトンが聞こえる。そのうちに最初のカエルの歌に答えて、別のカエルが歌いはじめる。そしてさらにもう一匹、もう一匹と参加者が増え、最後には周囲にひびきわたる大合唱となる。カエルはすばらしい歌い手だ。

ときおり聞こえるフクロウの「ホー・ホー・ホー」という鳴き声は、おそらく拍手のかわりだろう。

カエルの合唱は、明け方には鳥のさえずりにとってかわる。その声で目が覚めるのはうれしいものだ。カエルのオペラがすごい音量で迫ってくるのは、サウンド・シェルターから三〇メートルほどの場所に大きな池が二つあるからだ。

池には森のなかの冷たい泉の水が流れこんでいる。弥生池という名前をつけた大きいほうの池には、私たちの手で地下にパイプを設置し、水を引いた。パイプは溝を彫った長い丸太に通じ、水が流れ出るようになっている。

もうひとつ、別のパイプからも、溝を彫った丸太から池に水が流れ落ちるようになっている。こちらは朝、お湯を沸かしているあいだに手を洗ったり、顔を洗ったりするのに使う。

（森に池を掘った理由については、あとで話そう）

ここではだれにもわずらわされることはない。私は携帯電話を持ったことがない。ばかげた話に聞こえるかもしれないが、鳥や動物、木々でさえ、みんな私を知っているような気がする。だから森では、私は外国人ではない。私はただの人間で、森の守護者である松木さん（林業家・松木信義さん）のように、アファンの森の一部なのだ。私は自分の遺書に、死んだあとはこの森に埋葬してほしいと書いた。そのときがすぐにこないことを願いつつ……。

# 2章　アファンという名前

ブナ林を登る

私たちはなぜ、長野県北部の森に、「アファン」という名前をつけたのか。そのことについて話そう。明らかに日本の名前ではない。実は、ケルト人が使うウェールズ語の言葉だ。その意味は「風の通る谷間」。私の生まれ故郷の南ウェールズにあるアファン・アルゴード森林公園にちなんだ名前だ。

日本の森なのになぜ、ウェールズ語の名前なのか、もともとの名前はなかったのか、と疑問に思われるかもしれない。たしかにこの森には日本語の名前があるが、私はあまり好きではなかった。地元の人々の呼び名は「幽霊森」。荒れ果てて、暗かったからだ。森の一部には、「アカヤチ」（赤い谷）とよばれる場所もあった。これもあまり感じのいい名前ではない。

さて、これからが本格的な物語のはじまりだ。

暖炉に一本まきをくべて、ウィスキーをすすって、気持ちを落ち着かせよう。

今、年が暮れようとしている。私が生まれて七〇年以上の時が過ぎた。まさにこの瞬間、外は静かに雪が降っている。この森にアファンという名をつけた理由を本当に理解してもらうためには、ちょっとしたできごとと、ちょっとした思いについて話しておかなくてはならない。私たちケルト人や多くの先住民は、名前には力と魔力があると考えている。だから……どこまで話しただろうか。

私は幼いころから樹木が好きだった。樹木には感謝と、愛を感じている。私は世界中で、森と樹木を見てきた。しかし、日本の森と樹木は、私の心の特別な場所を占めている。北は北海道から南は西表島まで、ヨーロッパよりはるかに多くのさまざまな種類の木が自生しているという、他国にはない特徴があるからだ。

私がはじめて日本の地を踏んだのは、一九六二年一〇月。目的は、格闘技（とくに空手）を学ぶことだった。私は十四歳のころからイギリスで柔道を習っていたし、必殺の威力をもつという神秘的な空手の技の話を耳にしたり、読んだりしたことがあった。当時のイギリスには空手の師範がいなかったので、三回目の北極探検を終えてふところに余裕のあった私はイギリスに帰らず、日本に足をのばしたのだ。

このときは東京で暮らした。東京には柔道の本拠地である講道館があったし、空手の主要な流派の道場があったからだ。東京は便利な大都会だから、たいていの外国人が住みたがる。でも、私は東京暮らしにそれほど魅力を感じなかった。

十七歳からの人生のほとんどを、私は自然のなかで過ごしていた。北極探検の合間にイギリスに帰ったときも小さな島にわたって暮らし、渡り鳥の研究を手伝い、ライフルでウサギを撃つような暮らしをしていた。私は都市を避けて生きてきた。なのに、私がたどり着いたのは、大都会の東京だった。

日本の人々はとても礼儀正しく、正直で、親切だったので、すぐに好きになった。道場でのトレーニングはきつかったが、これも気に入った。すばらしいと思ったのは、日本の食べ物や飲み物だ。食べ物の種類の多さ、新鮮さ、多彩な味わいに感動した。もちろん刺身や寿司は大好物だ。納豆も最初から好きだった。

東京に滞在して二月ほどたつと、ゆううつな気分になってきた。都会の騒音やせわしなさ、汚い空気、人の多さがこたえたのだ。私の空手の先生は、青年時代にアジア大陸のへき地を旅した経験があったので、私の悩みをわかってくれた。ある日、稽古が終わると、先生は弟子の青年数人を呼び集めた。みんなで私を山に連れていってやれという。青年の一人が口を開いた。「今は冬で、山は雪でおおわれている。彼はそういう状況に耐えられるのですか」。先生は、その質問を英語で私に伝えながら、にやりとした。私は笑った。

「私は、北極探検に三回参加しました。少々の雪なら大丈夫だと思います」

そういうわけで、私は正月明けに日本アルプスに連れていかれることになった。

雪のことはわかっている、と私は思っていたし、イヌイットの雪靴を履くことにも慣れていた。それはクマの手の平のような丸い形をした靴で、日本の「かんじき」に、よく似ている。ところが、日本の雪は圧倒的に深く、私は心の底から驚いた。さらに驚いたのは、ブナノキやナラ、カエデ、ヤマザクラ、そのほかたくさんの樹木が、深い雪のなかから生えていたことだ。

ヨーロッパ人と北米人にとって、積雪の多い場所で育つ木といえば、トウヒ、スギ、イトスギのような針葉樹、または寒さに強くて成長の早いカバやヤナギ、ハンノキなどだ。北極圏には樹木は育たず、小型のヤナギていどしか生えない。ところが雪の多い日本の山には、私の知らない種類の樹木がたくさん生えていた。

日が暮れる前、私たちは雪が厚く積もった川岸に洞穴をほった。ロウソクをともし、小さなキャンプ用ストーブの上で雪を溶かし、マットと寝袋を広げて、忘れられない夜を過ごした。そのとき私は思った。自分が日本で生まれていたら、今より強い格闘家になっていただけでなく、雪国の経験を積んだ北極探検家になっていただろう。

この最初の山登り以来、私は休みをとれるときはいつも、日本の山に登るか、小さな島にわたった。私は日本の自然に魅せられた。

東京で暮らしたといっても、私が住んでいたのは、秋津と呼ばれる東京郊外の、田舎にとても近い場所だった。家のすぐとなりに森があって、地元の農家の人々が堆肥にする落ち葉を集めにきていた。

まわりに住む人々が野生の山菜とキノコを採りにくることもあった。なかには昔ながらのまきで炊く風呂を沸かすために、木を集めにくる人もいた。当時、秋津にはたくさんの草ぶきの家と野原があった。

私は森のなかを歩いたり、空手の型の練習をしたりするのが好きだった。地元の子どもたちと友だちになったのも、森のなかだった。あのころ、子どもは学校が休みのときはいつも森と小川で遊んでいた。子どもたちにとって私は体が大きい、年をとった青い目の外国人だった。だれも私のことを怖がらず、忍者ごっこやチャンバラなどの遊びに参加させてくれた。セミのことを教わったのは、八歳ぐらいの男の子からだった。最初、あの「ミンミンミン」という大音響を聞いたとき、私は鳥か特殊なカエルの鳴き声だと思った。英語の「cicada（セミ）」という単語は、アメリカ文学を通して知っていたが、昆虫のことだとは知らなかった。

話が少々脱線ぎみだが、これは重要なことだ。私は自分が完全に日本のとりこになった瞬間を、鮮明に覚えている。

それは一九六三年六月のことだ。私にとっては、それまで経験したことのない、とても蒸し暑い時期だった。空手道場での練習は地獄に近かった。クーラーはなく、多くの若者がいっしょに激しい稽古をしていた。私は滝のような汗をかいた。何千個もの穴があいた古い革の水袋のように、私のからだからは汗が飛び散った。

稽古のあとは、どうしてもシャワーを浴びたくなった。でもシャワーは屋外にひとつあるだけで、それも子犬のおしっこのような生ぬるい水がちょぼちょぼと出るだけ。何の助けにもならなかった。

そこで以前、私をあのすばらしい冬の山へ連れていってくれた先輩たちが、「どこか涼しいところ」に連れていってくれると約束した。

金曜日の夜遅く、私たちは東京の上野駅に集まった。何度か電車を乗りかえ、翌日の早朝、小さな田舎の駅についた。当時、私は初歩的な日本語しかわからなかったので、自分がどこにいるか見当がつかなかった。でも私は先輩を信じていた。私たちは荷物を肩に担いで、出発した。

二時間ほど歩くと、木材を切り出すための道に出た。スギとカラマツが道の両側に生い茂る道を、私たちは重い足取りで歩いた。太陽が昇り、どんどん暑くなっていった。日本では、北ヨーロッパや北極よりも太陽が昇る位置が高い。ケルト人の皮膚は敏感で、すぐに日焼けしてしまう。汗をかきながらとぼとぼ歩く私は、いったい「涼しい場所」はどこにあるのだろうと考えていた。

私たちは海抜およそ千メートルまで登った。するとそこにはまったくの別世界が広がっていた。想像をはるかに超える、涼しくて、心地よい場所、それは古代のブナの木の森だった。

ブナの木はイギリスにはよくある木だが、そのほとんどは人間が植えたものだ。紀元前には、ブナの木は水と春の女神に捧げられる木だった。少年時代、ウェールズでブナの木の美しい木立をいくつか見たことはあったが、これほどの規模のブナの木の森ははじめてだった。実に巨大なブナの木が並んでいた。木を見上げると、輝く陽光が若葉を通して動き、踊り、きらめいた。それはどんなステンドグラスの窓よりもずっと美しかった。

木々は、ゴシック様式の柱よりも優美で、すぐれたかたちをしていた。どんなに豪華な石作りの大聖堂も、これにはかなわない。どこを向いても、流れる水の音が聞こえてきた。生命と喜びにあふれた音だった。泉や小川、すべての水路が谷に向かい、澄みきった川に合流した。木の下では花が咲き、あらゆる場所で鳥が歌っていた。

しばらく先輩たちについて歩きながら、私はどうしたらいいかわからなくなった。腕に鳥肌が立ち、知らないうちに涙が目に浮かんだ。先輩にどうかしたのかとたずねられた。私は目に何かが入った、コバエか何かだろう、と答えた。

実際は、相反する感情が胸のなかであわだっていたのだ。そのひとつは、このような手つかずの古代のブナの木の林が、私の祖国イギリスからはほとんど消えてしまったことに対するくやしさだった。

これは千年前のウェールズのすがたではなかったのか？　どうして私の祖先は、子孫の私たちにこの光景を残すために戦わなかったのか？　炭を作るために森の木々は切りたおされ、オークとニレの木は船を建造するために伐採され、そのほかの森は、工業や鉄道、または羊のために消えていった。私の祖国ウェールズでは、侵略者であるノルマン系イギリス人が古代のローマ街道の両側に茂る森を切りひらいた。反乱軍が大弓で攻撃をしかけるのを防ぐためだった。

だが、私の悲しみと喪失感は、同じくらい深い喜びと感謝でうち消された。ウェールズ人の若者である私は、この驚きを経験するためにここまでやってきたのだ、と私は思った。ここにつれてきてくれた先輩たちに、このような自然の宝を守ってきた日本人に感謝していた。私が本当の意味で日本に恋をした日だった。

そのときから、私は心を決めた。格闘技だけでなく、日本人と森の関係を研究しよう。これほどの技術先進国で、高度に工業化され、しかも人口はイギリスのほぼ二倍もある国に、このようなすばらしい自然が存在している。日本の森はいかにして、野生のクマの生息地であり続けているのか。イギリスのクマは九〇〇年前に絶滅したというのに。

そのとき私はちょうど二十二歳だった。そして今、私は七十二歳になる

# 3章　クマと神の故郷「黒姫」に住む

黒姫山

私はしばらく日本を離れ、カナダやエチオピアで仕事をして一九七〇年から再び日本に長期滞在した。このときは空手を習い、日本語と漁場について研究を続けるのが目的だった。

そのとき、私には妻と三人の小さな子どもがいたので、仕事が必要だった。幸運なことに、私は偉大な詩人であり、文学者でもある谷川雁さんに出会った。当時、谷川さんは日本語と英語の物語を子ども用の語学教材として作っている会社の常務を務めていた。私は谷川さんを説得して、オリジナルの本を書くチャンスを与えてもらった。それをきっかけに、私は教材用の本数冊とテープを作った。声を録音する作業は、とても楽しかった。私は谷川さんを「雁さん」と呼ぶようになり、師と仰ぐようになった。

その後日本を出て、数年間カナダ環境省の仕事をしたのち、一九七八年に日本に戻った。このときの目的は、日本の捕鯨をテーマにした歴史小説の材料を集めることだった。私は一年間、捕鯨の町である和歌山県の太地町に住み、それから日本の南氷洋捕鯨船団に三カ月間同行した。南氷洋から戻ったとき、私は日本に永住して日本の自然を研究し、書く仕事をしようと決意していた。でも、住む場所は決めていなかった。

そのころまでに、私は日本中を旅していた。北海道、九州、四国、東北、沖縄、さらに小さな島々にも足を運んだ。都会以外、美しい自然が残る場所は、どこもすばらしかった。

私はよく、長野の黒姫にいる雁さんのもとを訪ねた。雁さんは畳の間の火鉢の前にあぐらをかき、背筋をピンと伸ばして、腕を組み、私の話に耳を傾けたものだった。彼は私の南極での経験や、歴史小説の進み具合、そして日本に永住するという私の決意について聞きたがった。これから住む場所を探すという話をしていたとき、彼はタバコに火をつけて、こう言った。「黒姫はどうかな?」

私は「ああ」と答えた。黒姫に住むことを考えたことはなかった。「そうですね、海が恋しくなるかもしれませんね」

雁さんは、むっつりとして、ふふんというように鼻をならした。スズメバチを噛んだブルドッグのように顔をしかめた。

「おろか者。日本は島国だ。海はすべてわれわれの周囲にある。ここから一時間も移動すれば、日本海に着く」

私はうなずいた。そして、黒姫に住むことを考えてみた。たしかに美しい森があるし、近くには野尻湖がある。イワナがすむ川と渓流もある。忍者と蕎麦で有名な戸隠もそれほど遠くない。電車なら東京から乗りかえなしだ。黒姫でいいじゃないか。

というわけで、あれから三〇年少々たった今も、私は黒姫に住んでいる。雁さんと私はその後、古事記をもとにした児童書を作った。宮沢賢治の作品を十作以上、英語に翻訳した。岩手県の田園地帯を歩き、賢治が書いた植物や自然現象を探した。

北長野は、賢治が暮らした岩手とよく似ている。私たちは何百時間も話し、おいしい食べ物を楽しみ、酒をすすった。雁さんは勉強しろとはげましてくれた。彼を通して、私は日本の自然について、そして日本人がいかに伝統的に自然と親しんできたかを学んだ。

でも、まだ足りないものがあった。私は山について学びたかったのだ。そのためにもっともいい方法は、銃を持つ許可証を手に入れ、地元の猟友会に加わることだった。本物のハンターほど山を知る人はいない。

最初、私は「勢子」役をつとめた。勢子は新米のハンターが果たす役目で、谷や斜面の一番下から出発し、徐々に上のほうに登っていく。私はかんじきをはいて、仲間のハンターと横一列に並び、棒で木の幹をたたき、「ほい、ほい。ほい!」と叫びながら、歩いた。するとウサギが驚いて、斜面を駆け上がっていく。上のほうでは、ベテランのハンターが木立に身を隠しながら、ウサギを撃つ準備をして待っている。体力のいる仕事だったが、山のさまざまな斜面や谷、くぼ地のことを学ぶいい機会だった。

狩猟の途中、おにぎりなどを食べる休憩の時間に、猟師は雪のなかで火をおこす。枯れた木の枝の上に火種を置き、スギやカラマツの乾いた下枝を燃やしてお湯をわかす。ウサギが獲れたときは、雪の中で腸をかき出し、樹皮をむいた短い枝に巻きつける。塩を振りかけ、たき火で腸をあぶって食べるのだ。

私たちはこれまでの狩りのことやクマ狩りの経験などについてたくさんの話をした。アファンの森をいっしょに育てている松木さんは当時、そのような猟師の仲間だった。

一九八〇年は、ここ北長野で史上もっとも雪が多い年だった。山中の雪の深さは少なくとも四メートルはあった。春がくると、雪は堅くしまって、かんじきがなくても歩けるようになった。雪の重みで笹などの下草がつぶされるため、大きな木の間も歩きやすくなる。

公式の狩猟シーズンは終わっていたが、ハンターは四月にクマを撃つことができる特別許可証を持っていたので、私はクマ狩りに誘われた。クマを撃つつもりはなかったが、私は喜んで同行させてもらった。

日の光がさんさんとふりそそぐ四月上旬の朝、私たちは戸隠に向かう道を車で走っていた。ある地点で車を停め、銃とデイパックを担ぎ、万一の場合にそなえて荷物にかんじきを結びつけ、谷をわたった。霊仙寺山をよじ登り、それから飯縄山の斜面を登った。すばらしい一日だった。ブナ、ナラ、クリ、ヤマザクラ、コブシ、ミズキの木々が入りまじったすばらしい古代の森を歩きながら、私は自然に対する畏敬の念を新たにした。

雪には、本のページのようにたくさんの物語が刻まれている。ここでウサギがキツネに追いかけられて、跳び上がった。あそこで、タヌキが横切った。ほら、山キジが飛び立ったときについた羽先の跡がある。ここでは、リスが木陰を走りぬけ、飛び跳ねながら雪原を横切り、このブナの木を駆けのぼった。おそらくこのリスは、私たちのことを見ているだろう。ああ、注意したほうがいい。このあたりをうろつくテンが通った跡が、あそこに見える。

気温が高くなっていたので、クマは巣から出てこようとしていた。二〜三時間のうちに、私は子グマをふくむクマ七頭が通った跡を確認し、実際に四頭のクマのすがたを見た。そして、猟師はその一頭を仕留めた。（私はクマとカワウソが大好きなので、実は悲しかった。でもその気持ちは胸に秘めておいた）。

色鮮やかなシジュウカラとヤマガラが木立の高いところで枝から枝へと飛びまわり、幹のすき間から顔を出す昆虫をついばんでいた。背はピンク色、胸元は白、袖の部分は大胆な青と黒のしまもようになったカケスは、耳ざわりな叫び声を森に響きわたらせた。青く澄んだ空の高いところでタカとトビが旋回していた。

ここは不思議な、神聖な場所であり、クマと神の故郷なのだ、と私は感じた。なんと豊かな森なのだろう。このような多様な生命を支えることができる豊かな自然に、私は感嘆した。

眼下には町や村が広がり、電気の通った現代的な家々が並んでいた。道を走る車やトラック、線路の上の電車も見えた。山の上から見ると、すべてがおもちゃのようだ。私は、数百年前、いや数千年前と変わらないであろう驚きの世界に立っていた。

このような場所に住むことができるとは、私はなんと幸運なのだろう。ここなら確実に、ほかの西洋人には書けない本を書くことができる。骨を埋める場所として黒姫を選んだことを、私は改めてよかったと思った。

# 4章　消えた「クマの森」

熊の足跡を見つけた

翌年、つまり一九八二年の春、私はクマがいるあの美しい古い森にもう一度行ってみることにした。銃のかわりにカメラをたずさえ、単純なさしかけ式のシェルターを作るために青いビニールシートとロープを荷物に詰め込んだ。

今回は一人で行くことにした。森の美しさを静かに楽しみ、クマの写真を撮りたかったからだ。妻には行く先を話し、隣の家に住む風間義雄さんに、伝えるよう頼んだ。風間さんはハンターで、この山のことを自分の庭のようによく知っている。

妻が途中まで車で送ってくれた。「遅くとも明日の晩までには帰る」と、私は陽気に手を振った。幸せな気分でリュックを背負い、カメラ・バッグとかんじきをかついで、一歩一歩、踏みしめるように歩きだした。

森に着いたとき、私は道に迷ったのかと思った。位置を確認し、もう一度確かめた。まちがいなく、そこは昨年訪れた森のはずだった。問題は、周囲に木がないということだ。ほぼすべての樹木が切り倒され、運び出されていた。残っているのは切り株ばかり。上に積もった雪を払い落として、木の年齢を数えてみた。樹齢三百年から五百年の古木まで切られていた。森は消え、動物や鳥もいなかった。数本の木が残っているだけだ。悲しみと苦い思い、そして怒りを感じながら私は引き返し、家まで歩いて帰った。

風間さんにこのことを話すと、彼は頭を振った。

「ごぞんじだと思っていましたよ。木は、去年の夏に全部切り倒されたんですよ」

私は猛烈に腹をたてながら、猟友会の幹部に会いに行った。

「ええ、知っていました」と、幹部は言った。「だからクマが山から降りて、田畑を荒らしている。巣が破壊されたからです」

「こんな犯罪、このおろかな行為をだれがしでかしたんです?」と、私はたずねた。

「もちろん、政府です。ほかにだれがそんなことができますか」

衝撃だった。

雪がとけると、植林が行われた。さまざまな種類の樹木や鳥、動物に満ちていた森は、スギの木だけの林になった。夏から秋にかけて、子グマをふくむ十三頭のクマが山から降りて畑を荒らし、罠で捕らえたれたり、撃たれたりした。これほどの怒りを感じたのは、エチオピアで森が破壊されているのを見たとき以来だった。

私は一九六七年から二年間、エチオピアのハイレ・セラシエ皇帝に雇われて、エチオピア北部にあるシミエン山脈に国立公園を作る仕事をしていた。そこでは、地元の州知事の指導のもと、農民たちが急な斜面にある原生林を伐採していた。

農民たちは木を切り倒すと、その場で焼いた。そして養分たっぷりの表面の土を守る努力をせずに、急な斜面にクワを入れて、畑にしようとした。作物が収穫できたのは、最初の二年だけだった。雨季に雨で土が流されてしまったからだ。猛烈な勢いで土地の侵食が進んだ。

森が消えると、水も消えた。春になると大地は干上がり、川は玉石が散らばる乾いた川床になった。水不足で、牛などの家畜も野生動物も死んだ。女性と子どもたちは水をくむために、何時間も歩かなければならなかった。一部の人々は、もっと緑が多い土地へ引っ越そうとした。けれども、当然のことながら、そういう土地はすでにだれかのものになっていた。

エチオピア人は自分の土地を所有することをとても誇りに思っている。土地を守るためなら戦いも辞さない。

私と勇敢で忠実な部下であるエチオピアのレンジャーたちは、国立公園の境界内で木を切った人を数十人逮捕した。だが国立公園の外にある森を守るために手を出すことはできなかった。首都アジスアベバにある政府に通報しても、ゴンダルにある州政府に報告しても、何の役にも立たなかった。州知事や警察、村の長老、宗教指導者に理解を求め、行動を起こしてみたが、まったく成果が出なかった。政府は腐敗しており、ひどく効率が悪かった。

エチオピア人は自分の土地を砂漠に変えていた。その結果として水や土、家畜、農地が失われ、必然的に争いと飢餓が発生する。私は当時二十七歳だったが、そんなことは簡単に予測できた。

そのときに感じた怒りが、黒姫でもよみがえってきた。

日本でも、同じように古い森を破壊すれば、野生の生き物はいなくなり、肥えた土は流れ出し、地すべりによるひどい災害が発生する危険がある。

エチオピアの農民の場合、読み書きできる人はごくわずか。腐敗した政府当局を批判する言論の自由もほとんどなかった。でも日本は、事情が違うはずだった。私が会った日本人は誰でも読み書きができたし、日本には完全な言論の自由がある。

日本でもときおり汚職や腐敗に関するニュースが報道されることがあるけれど、エチオピアで私が体験したような腐敗とはまったく違う。日本でつきあった林業、環境関連の役人や、地元の当局者は、基本的に腐敗していないように見えた。だとしたら、なぜこのようなおろかな行為が行われたのか。私が愛と尊敬を感じるようになった日本はどこにいったのか。

私はいたるところで手入れのされていないスギやカラマツの人工林を見た。一九八〇年代には、人々は雑木林の手入れをしなくなった。放置された林では、木が生える間隔が狭くなり、木のてっぺんの葉や枝が陽光をさえぎる。すると、下のほうの枝や低木は光を奪われ、次々に枯れていき、成長をやめてしまう。

同じように、里山や雑木林など人里に近い林も手入れをされていなかった。間伐した木で薪や炭を作ったり、菌を植えつけてシイタケやナメコを栽培したりすることもなかった。農地や庭の堆肥を作るために、落ち葉が集められることもなかった。

日本では、森は、薬草や水、燃料、キノコ栽培用の材木、多くの種類の山菜やキノコを採る場所として利用されていた。それに森は、子どもの最高の遊び場だ。

日本はなぜ、この貴重な資源を維持するために資金と努力をつぎ込まないのか。それは、私には信じられないほど、おろかなことに思えた。

# 5章　破壊される日本の森

知床の伐採の現場

夏になると毎日、山から材木を運ぶトラックが、伐採された木（多くは年を経た巨木だった）を積んで、田舎道を走るようになった。古い森の伐採はあちらこちらで続いていた。私の家からは、伐採のあとが、山肌についた縞のように見えた。最悪だったのは、斑尾山の斜面だった。そこでは林道を作るために、伐採された木材の価格よりはるかに高い金が費やされていた。洪水や地すべりが起きたことが、かつてイワナが棲息していた川の土手をコンクリートで固める口実になった。このことについて猟友会の友人に不平を言うと、みんな私の言うことにほとんど同意してくれたけれど、結局は肩をすくめてみせるばかりだった。

「仕方がない、それが政府のやり方だ」と、だれもが口をそろえて言った。

林野庁の職員の人件費は税金ではなく、国有林を売り払った金でまかなわれるようになっている。最初は、木材の販売から相当収益があがった。一九六四年に東京オリンピックが開催されるまでに、古い森は前例のない速さで消えていき、スギやカラマツの林に変わっていた。

一九八〇年代までには、原生林はほとんど消失し、林野庁はばくだいな負債を積み上げだした。松木さんのような森で働く専門家は解雇され、スーツを着て白いシャツにネクタイを締めた役人は温存された。

森の所有者は、森の手入れをしないことを、こんなふうに言い訳する。

「手入れにかけるお金がないんです」

「所有者は年をとりすぎてしまったし、若い人は出て行ってしまったからね」

林業を知らない人、とくに都会の人は、自然のままにしておくことが一番いいのではないかと言う。でも、一度でも人の手が加えられたら、自然はそのままではバランスをとることができなくなるのだ。

日本人はずっと森を利用してきたので、もはや日本には原生林というものはない、と主張する人もいた。私はそんな話を鼻で笑った。この地球上には人間が利用していない森など存在しないといってもいい。原生林とは、人間の存在にもかかわらず、昔からの生物学的な多様性が大きく変化していない森をいうのだ。原生林にはたいていの場合、その生態系のてっぺんに大型の哺乳類がいる。日本の場合、それはクマだ。インドでは、それはトラかゾウになる。アフリカの高山地帯では、マウンテンゴリラ。アマゾンのジャングルでは、ジャガーだ。原生林では、鳥にも支配種がある。フクロウ、ワシ、オオタカなどだ。

私はこのことを何度も、たくさんの人と議論した。記事を書き、雑誌やテレビの取材に答えた。日本の人々はよく話を聞いてくれる。おかしななまりのある日本語で情熱的に日本の森を守ることを嘆願している青い目の外国人は、一部の人々にとっては面白い存在だったはずだ。

そのうち、地元の友人やジャーナリストにはげまされて、私は林野庁長官に、公開質問状を書いた。この手紙は全国紙の記事になり、予想を上回る反響があった。日本中から、私の意見を支持する手紙をもらった。その多くは、自分の住む地域にも危機に瀕した森があるので、何とかしてほしいというものだった。北海道の知床から、東北の白神から、屋久島から、西表島から、沖縄のやんばるからも、森を心配する日本人（そして、かなりの数の外国人住民も）の手紙が来た。日本中で、古い雑木林、とくにブナの森が、破壊されていた。

私は、同じ気持ちを持つ人々と話し、何をすべきかを探すために旅に出た。

その旅で見た光景のなかで、もっとも衝撃的だったのは、クマとミサゴの故郷である知床の森だった。三百年を経たミズナラの木が切り倒されていた。およそ百年もかけて見事な大木に育った六本のミズナラが倒され、地面に横たわったままになっていた。まったく犯罪的な行為だ。

屋久島では、急な斜面から古い屋久杉がことごとく消えているのを見た。裸になった山の斜面から大きな石が転がり落ちてくる可能性があった。いたるところで、地すべりが起きていた。

人は山をえぐって道を作るとすぐに川の土手をコンクリートで固めて、砂防ダムにしようとする。木を切り倒すと突発的な洪水や浸食、地すべりが起こることがわかっているからだ。

森の伐採を命じた責任者と地元の政治家や建設業者の間には、非常に疑わしい関係があった。それは私が知らなかった、見たことのない日本だった。

私は絶望した。酒を大量に飲み始め、落ち込み、うつ病の発作のなかで、ショットガンを自分に向け、すべてを終わらせることを考えた。日本は魂を売りわたし、みずから環境を破壊しているようだった。私はそんなものを見たくなかった。

もちろん、日本の工業や都会が生み出した公害のことは知っていた。水銀汚染によって引き起こされた水俣病は世界中で有名だった。毒性のある黄色いスモッグが広がり、役所の広報車が「家の窓を閉めてください」と拡声器で呼びかけていたとき、私は東京にいた。

「田園地帯と日本の自然は、常に生き残る」と、私は心のなかでつぶやいた。だがそれはまちがいだった。

一九八〇年代の中ごろから終わりにかけて、日本全体がありあまるお金に浮かれていた。ゴルフコースが伝染病のように国中に広がり、森は切り開かれ、川は汚された。スキー場のスロープも同じように環境を破壊した。

黒姫と妙高の原生林の斜面は、新しいゴルフコースを作るために切り開かれた。さらに私がうんざりしたのは、森を所有する人々が、自分の森の手入れをおこたる一方、ゴルフをしたり、パチンコ屋の騒音のなかで時間をすごしたりしていたことだ。

率直な発言とシンプルなライフスタイルのおかげで、私はどんどん有名になった。私のエッセイと小説はよく売れた。だからといって、私の絶望は消えなかった。

私の生まれ故郷ウェールズの原生林は、ほぼすべて破壊された。エチオピアで自然を守り、保存するために戦っていたときも、私はひどい森林破壊を目撃した。そして今、同じことが日本で起きた。新聞や雑誌を読んだり、テレビを見たりすれば、ブラジルやアフリカ、森林破壊が世界中で起きていることがわかる。でも、私は心から日本を信じていた。この国は森林の保護と有効利用について世界を導くことができると考えていた。

ある日、地元の市長が、森林の伐採の責任者である林野庁の役人といっしょに私の家をたずねてきた。彼らは一、二時間、私に説明をした。彼らは、山を「若返らせる」ために古い森を切らなければならなかったのだと言った。

「だったらなぜ、みなさんが植えたスギ林で間伐をしないのですか？　今ではすっかり木が過密になっていますよ」と、私は言い返した。すると市長は私に黙っていてほしいと言った。町に住む多くの人がこの仕事で、生活しているのだという。

「しかし、古い森の最後の一本を切り倒したら、この仕事はもう続かない」と、私は答えた。

「なぜ、放置されている森をよくすることに力を注いで、将来性のある仕事にしないのですか？」

「森についてこれ以上、騒ぎ立てないようお願いしたい」と、市長は主張した。「地元の人々は動揺しているのです」

「本当に？　そもそも、私に発言してほしいと頼んだのは地元の人々だったのですよ。みなさん、洪水と地すべりが起きるのではないかと心配しています。飢えたクマが山から降りてきて、畑を荒らすのも困ると思っている。だれでもいいから、猟友会のメンバーにたずねてみればいい。教えてくれますよ」

実際、マスコミに訴えてほしいと私に頼んできたのは、猟友会の人々だった。なぜ、自分で訴えないのか、とたずねると、彼らは顔の前で手を振り、親戚に関係者がいるから、と言った。だから表だってものをいうことができなかったのだ。

「日本人は他の日本人の話を聞かない」と、あるメンバーは言った。「そういうわけで、あなたにお願いしたい」

事情が明らかになるように、私は東京の林野庁本部にも電話を入れた。本部では、私が公開質問状を出したことでふえてしまった問い合わせに答えるために専門の担当者がひとりあてられていた。「C・W・ニコル担当」の席があったのだ。（この担当者はとても信頼できる友人になった。とくに彼が林野庁を辞めてからは）

私は林野庁から、全国各地の若い職員向けの講演会で話をしてほしいと依頼された。私は承知した。よく考えてみれば、林野庁に就職した人の大半は、森林に興味をもっているか、森を守りたいという気持ちがあるはずなのだ。実際、私の意見に賛成してくれる職員も多かった。とくに一種類の木だけを植林するやり方を変え、森の手入れのために政府の資金を出すべきだという点については、たくさんの人が賛成してくれた。

とはいえ、結局は何も変わらなかったようだった。私は心の底からあきらめることを考え、日本を離れようかと思った。だが日本を出たところで、行く場所はどこにもなかったのだ。

# 6章　英国アファン森林公園の奇跡

ウェールズのアファン

イギリスのウェールズから私にアドバイスを求める手紙が届いたのは、一九八五年のことだった。差出人は、ウェールズの議会の仕事をしている森林生物学者。それによると、州の委員会は、私の生まれた国境の町ニースの近くにあるアファン・アルゴードを森林公園にしようとしている。さらに、公園の一角に、日本をテーマにした特別な区画を作る予定だという。ウェールズは日本といい関係にあり、日本人留学生や日本企業の駐在員がたくさん住んでいる。そこで、ウェールズと日本の友好を記念するために、日本の樹木を植えたい。ついてはウェールズの気候にあう日本の樹木を推薦してほしいというのだ。

私は何度も手紙を読み直してしまった。少年時代の記憶にあるアファンの谷とはあまりにもかけはなれた話だったからだ。アファンは四十七カ所もの炭鉱がある谷で、醜いボタ山だらけのはずだ。ボタ山というのは、石炭を掘るときに出る土砂や石をつみあげた山のことだ。

一九六六年十月二十一日の午前、アファン・アルゴードに近い村で、ボタ山が崩れた。泥と石が二〇軒の民家と農場を破壊し、小学校を丸呑みにした。大人二十二人と子供百十六人が死亡する大災害だった。

それは国家的な大事件だった。行政当局は、学校のそばに積みあがったボタ山の危険に気づいていながら、何もしていなかった。国はこの事件をもみ消そうとした。南ウェールズ全体が悲しみと怒りにつつまれた。

この悲劇が起きたとき、私は日本にいたけれど、事件のことは記憶に残った。ウェールズは炭鉱業が盛んな国で、私の母方の祖父も、第一次世界大戦前に石炭を掘っていた。どの炭坑にも、不安定なボタ山がいくつもあって、そのままになっていた。

アファン・アルゴードは、石炭採掘で栄えた谷の町だ。危険で不健康な作業に従事した炭鉱労働者の間には、特別な仲間の絆があった。アファン・アルゴードの労働者の男性合唱団と荒っぽくて熱気にあふれるラグビーチームは、世界的に有名だった。

町には集合住宅がずらりと並び、きちんと手入れが行き届いていた。窓には明るい色の清潔なカーテンがはためき、植木鉢の花が飾られた家を、人々は誇りにしていた。

第二次世界大戦が終わると、石炭中心だったイギリスのエネルギー源は、中東や北海油田からの石油に変わった。イギリス政府は鉱山を閉鎖し、たくさんの男たちが仕事を失った。

ウェールズの鉱業地帯はひどく貧しくなり、活気を失った。町はさびれ、炭坑で働いていた人々は仕事を見つけるために他の地域に引っ越し、家々は荒れ果てていった。

アファン・アルゴードは、私のおばのコテージのすぐそばにあったので、よく知っていた。あの荒涼とした谷が森林公園になるなんて、想像するのもむずかしかった。私がいたころは、川も炭坑から出たボタで汚れ、雨や風で有毒物質が流れ出していたものだ。

しかし、その手紙にあった質問には興味をそそられた。私は自分の目で何が起きているかを確かめるためにウェールズに帰ってみることにした。あの貧しい谷に森林公園が存在するのか。日本の樹木はそこで育つことができるのか。

久しぶりに訪れたアファン・アルゴードは、見違えるほど変わっていた！　谷は一面の緑に包まれ、川はサケやマス、ムナジロカワガラス、アオサギ、カワセミといった生き物がすめるほどきれいになっていた。

このとき、私は公園のチーフレンジャー、リチャード・ワグスタッフに出会った。彼は一日中、私を車で案内してくれた。ボタ山の表面は見事な緑でおおわれていた。これはボタ山が崩れないようする工夫でもあった。まず重機を使ってボタ山の傾斜をゆるくし、熟成させた鶏糞肥料をたっぷりの泥と水にまぜあわせ、ボタ山の表面に散布した。そして、根を張る力の強い草の種を四～五種類まいたのだ。

黒いボタ山の表面からかすかに緑の芽が顔をだすころには、風や鳥、動物がたくさんの種を運んできた。土の表面が緑になると、今度は成長の速い樹木の苗木が植えつけられた。空気から窒素を取り出し、土に戻す性質があるカバ、ポプラ、カラマツなどだ。そのような木は「看護樹」と呼ばれている。土地を開拓し、成長の遅い木を守り、元気づける。そして、やがて長生きする木に場所をゆずる。

木やさまざまな植物が成長するにつれ、少しずつ肥えた表土が作られていく。ハツカネズミ、ハリネズミ、ハタネズミ、キツネ、イタチ、リス、そしてシカのような小動物がやってきて、森をにぎやかに、豊かにする。動物たちのフンの中から、ありとあらゆるキノコの胞子が目を覚ます。そして、死んだ土がゆっくりと生き返る。

谷が緑になるにつれ、川の流れは澄み、空気は鳥の歌に満ち、人々は戻ってくる。だれでも、緑豊かな安全な環境に暮らし、自分の子供を育てたいと思うだろう。

空き家になっていた家は現代的に改修され、最初の持ち主がびっくりするような高い値段で売られている。谷に生命が戻り、その地域が公園に指定されると、訪問客が数千人単位でやってきた。

日本に帰るときには、私は自分が何をするべきかがわかっていた。

# 7章　家を建て森を買う

小説書きより雪かき

世界中を旅してきた私は、ボートはもちろん、テント、イグルー、小屋、さしかけ式シェルターなど、ありとあらゆる場所で暮らしてきた。でも、自分の家を建てたことはなかった。黒姫で最初に住んだ家は、古いかやぶきの農家だった。畳を取り替え、障子を直し、ストーブを備えつけて住めるようにしたが、冬の暮らしは厳しかった。

一九八〇年から八一年にかけての冬はものすごく雪が多かった。一晩で八〇センチも降り積もったのだ。雪がかやぶきの屋根の上につもると、古い材木はきしみ、音を立て、古いすすのかたまりが落ちてくる。

大家さんは隣の家に住む年配の未亡人で、口が悪く、私はしょっちゅう怠け者だとしかられた。

「雪下ろしをしなかっちゃ！　ずくなし！（雪下ろしをしなさい！　なまけものめ！）」

私はそれまで「雪下ろし」という言葉をきいたことがなかった。北極など雪の多い土地でも、雪はひとりでに屋根から落ちるものだった。

とにかく、私はシャベルを手に入れ、雪をすくって落とすために屋根の上に登った。作業が終わるまでに丸二日かかった。屋根から落とした雪は、すぐに、家の軒先を越える高さになった。私は屋根から下りて、家のまわりに溝を掘らなければならなかった。もちろん、家の正面玄関も、車を駐車した場所もすべて雪で埋まった。その冬、私は十二回も雪下ろしをしなければならなかった。

古くて大きいかやぶきの家は見た目がとてもよかった。雑誌で私のライフスタイルが紹介されるときには、家の写真も掲載された。だがそれにはトイレの写真は入っていなかった。トイレは寒くて、臭くて、古かった。しゃがんで大のほうをすると、ぽっとんと音がして、気をつけていないとおつりが返ってくる（黒姫の方言では「お返し」という）。とても愉快な体験とはいえない。そのトイレを喜んでいる唯一の生物といえば、大きなクモと、長い後ろ足をもつ醜い黒い昆虫――地元で「便所コオロギ」として知られているカマドウマだった。

私は一年でうんざりし、次にもっと現代的で、もっと暖かい家を借りた。でもやっぱり、私たちは自分の家と土地がほしかった。厳しい冬を経験してはいたが、私は黒姫に自分の家を構えようと心を決めていたのだ。

狩猟仲間の風間さんに手伝ってもらって、私は周辺の土地を調べた。ようやく、鳥居川の近くで、木がたくさん生えている土地を見つけた。すぐ近くに広い草原もあり、当時は空高く舞い上がるひばりを眺め、その歌を聞くことができた。もうひとつ魅力的だったのは、このあたりは、他の地域よりも雪がはるかに少ないことだった。

土地の所有者に話をもちかけると、別荘ではなく自宅を建てて暮らすつもりかと聞かれた。そうだと答えると、所有者は承諾し、百二十坪の土地をとても手ごろな値段で売ってくれた。

家を設計するとき、屋根はシンプルにして、雪を落とすための傾斜を十分につけてほしいと私は主張した。もう「雪下ろし」だけは勘弁だ！　それから、家の基礎を二メートル上げて、その分を地下室にしてほしいと頼んだ。雪が屋根から落ちて積もっても、家の一階が埋まらないようにするためだ。

木造で、たっぷりと断熱材を使い、そしてトイレは西洋式、風呂は和式、すべてのドアは高さも幅も広く、窓も大きくて二重窓にすること。これが家作りの条件だった。

家を建てるためには、まず林の木を切って、道を通れるようにしなくてはならなかった。次に、送電線を引き、水道管を敷設しなければならなかった。そうしたことは、すべて自分たちでやった。

新居は、一九八三年のクリスマスまでに完成した。私は地主から家の周囲の木立の手入れをする許可をもらった。過去三十年の間、放って置かれた木々は細く、弱々しくなっており、手入れが必要だった。私としても、イギリスから輸入してすえつけたストーブにくべるまきが必要だった。

このころまでには、マスコミに注目されることが多くなっていたので、私はもっと人目にさらされないスペースがほしくなった。そこで車で五分ほど離れた場所に、広い土地を見つけた。

当時私は、雑誌と新聞に八本の連載を持ち、本も売れていた。ウィスキーのテレビ・コマーシャルにも出ていた。生活はうまくいっていた。

私はもっと大きくて、プライバシーを守ることができる家を建てることに決めた。まずこんもりと茂った林を切り開いて、小さな丘まで私用の出入路を作った。それから、道のそばに小さなコテージを「ゲストハウス」として建てた。客を招くのは好きだが、プライバシーも大事なので、客にはコテージに泊まってもらい、食事などのために母屋にきてもらう、という計画だった。私は書斎に新居の模型を置いた。それはちょっとしたお城のようにみえた。

そんなとき、人生が変わるできごとがおきた。生まれかわったアファン・アルゴードの森を見たのだ。

以前のように地元の古い森の破壊と消失について落ち込むことがなくなったと同時に、広くて豪華な新居は必要ではないとも思いはじめていた。

ものごとは変わりはじめていた。

そんなとき、新居を建てる予定の敷地の隣にある森を、開発業者が買い取ろうとしているという話を耳にした。森を開発業者にわたすわけにはいかない。そう思った私は、家の建設計画をひとまず棚上げにして、その資金で森を買い取った。私の心は、それこそが正しい道であることを知っていた。それ以来、少しでも余分な金ができるたびに、少しずつ森を買い取り、手入れをして、木を植え、育てた。

私は、アファン森林公園のように、不毛のボタ山からスタートする必要はなかった。黒姫には、古代からの森があったのだから。ただこの森は、人が入れないほどつるや藪《やぶ》が生い茂り、地元では「幽霊森」として知られるようになっていた。私はこの森の再生に取り組み、「アファン」と改名した。

# 8章　どろ亀先生の遺言

高橋先生と冬のアファンで

「どろ亀先生」は、日本でいちばん有名な森林研究家だった。先生とは、京都で開かれた「グリーン・ルネッサンス・シンポジウム」で初めて出会った。本名は高橋延清といい、一九一四年ごろに岩手県沢内村に生まれた。なぜ、一九一四年ごろなのかというと、当時、山村では出生届けを出すまでに数年かかるのが普通だったので、先生本人でさえ、本当の生年月日を知らなかったからだ。

先生は、一九三八年に北海道の富良野にある東京帝国大学農学部の北海道演習林の助手になり、一九四二年には北海道演習林長になる。引退されるまでずっと、先生は大学の教室ではなく、森のなかで講義をしていた。どんなにえらい人に対しても、「森について学びたいなら、森に来てください」と言うような人だった。

先生の森林の管理方法に関する研究と哲学は、世界的に称賛された。第一回朝日森林文化賞と日本学士院エジンバラ公賞を受賞している。このシンポジウムは、豪華な大ホテルのメインホールで行われた。いくつもの講義とパネルディスカッションが開催された。シンポジウムでいちばん印象深かったのは、先生がオーストリアの森林管理官の古びた赤い帽子をかぶって演壇に上がり、見物人席にぼろぼろの古いリュックサックを投げこんだ瞬間だった。「そのリュックサックを持っていってください」と、先生は言った。「森について、たくさんのことがわかりますよ」

先生の話は、シンプルで率直だった。そして最後に、一編の詩を読み上げた。タイトルは『雪の森』。

どろ亀先生が読んだのは日本語だったが、のちに私はそれを英語に訳した。それは数年後、私とどろ亀先生で作った日本語と英語の詩集の一部になった。その英訳はこうだ。

Hare, at a run　兎さん走りながら
Plonk, plonk　ポロン、ポロン
Drops turds　ウンチをする
Hare's turds are reddish yellow　樺色だ
From eating just tree bark　木の皮ばかり

I suppose　　食べてかな

Mr. Tanuki, the racoon dog　狸さん
Can't do that　そんなこと
His tummy sticks out　とっても、できないよ
And his legs are short　　おなかが出ていて
Too bad!　短足だ
sometimes　ときどき
He comes out from his hole　穴から出てきては
To do a great pile　タメグソ
At his toilet place　どっさりさ
Aaaa……!　いい気分
It feels so good!　　いい気分

シンポジウムの会場の最前列に座っていた私は、この詩を聞いて、大笑いしてしまった。

詩は単純だけど、ウサギやタヌキの生態を正確に伝えていたのだ。タヌキは、ウンチをする場所を特別に決めていて、いつでもそこでするという人間みたいな変わった習慣がある。タヌキのトイレには、ものすごく臭いフンがこんもりと積みあがっている。

また、雪の季節はふわふわの毛皮でおおわれるタヌキのおなかは、歩くと雪の表面につくので跡が残る。巣穴から出てよたよた歩いてトイレに行き、長く大きいフンをひりだし、満足した笑みを浮かべるタヌキのすがたが、私の頭に浮かんだ。なんだが、とても気分がよかった。

どろ亀先生は、底なしの酒のみでもあった。富良野に赴任した先生はよく、森で働く人々と酒を飲んだ。ある年配の酒飲み仲間は、「あんたは本当に亀だな！」と言ったそうだ。日本では、ウミガメは酒好きという神話があるからだ（私は疑問に思っているが）。

ある雨の日、野外で調査をしていた先生は、竹薮を通りぬけるときに、泥だらけの斜面ですべってしまった。泥まみれになって森の小屋に戻ると、労働者が言った。「ああ、こりゃ亀だ。どろ亀だ」

これで、「どろ亀」というあだ名が定着した。先生はあだ名にすっかり慣れてしまい、病院や空港で本名の「高橋さん」と呼ばれても、自分のことだと思わないこともあったという。

年を取って、人の名前を覚えられなくなってきた先生は、だれにでもあだ名をつけるようになった。私のアシスタントにヘビの一種、「アナコンダ」という名前をつけた。このアシスタントは、茶碗一杯分のごはんを一度に飲み込むことができたからだ。アナコンダは、獲物を丸のみしてしまうのだ。

私には、エチオピア時代から「赤鬼」というあだ名があり、先生もよくそう呼んでいた。でも、自分の友人に私を紹介するときは、よく「わしのバカ息子」と言ってくれて、私はとても名誉に感じていた。

先生は私にとって、実の父のような存在になった。全力で森について学ぼうとしていた私にとって、先生は森のいろいろな知識を教えてくれる偉大な先生だった。

先生が言うには、森は大気中の二酸化炭素を木にとどめておく。場所がよければ、木はとても長生きできて、数百年の間、成長し続ける。その間、二酸化炭素は木のなかにとどめられることになる。

さらに、資源を循環させることもできる。つまり、二酸化炭素がたくわえられた木をじょうずに間伐していけば、木は家などの建物や家具に形を変えて、人間の暮らしに活かすことができる。こんなふうに木を賢く使うサイクルがちゃんとまわっていれば、地球温暖化の悪役である二酸化炭素を大気中に出さずにすむのだ。

森（とくに熱帯雨林）は、手つかずのまま保護すべきだと主張する人も一部にはいる。しかし、それは、レンジャーによる絶え間ないパトロールと監視がなければ無理だ。また、昔から住みついている先住民の人々に立ち退いてもらうわけにもいかない。

また先生は、木は植えれば成長するのだから、木を燃やすのは、化石燃料を燃やすより罪が軽いと考えるべきだ、とも主張していた。

私が熱心に実践している、どろ亀先生の森林管理法の原則をあげてみよう。

・未熟な森よりも、成熟した森のほうが好ましい。
・適切な密度の森は、樹木がまばらに生えている森より好ましい。
・種々雑多な樹木がある森は、一種類の樹木しかない森より好ましい。
・さまざまな高さの樹木と植物が共存している「複層林」は、高さが同じ木ばかりの「単層林」より好ましい（複層林は成長する可能性が高いので、森として理想的なのだ）。

どろ亀先生の哲学は、私が信じるものと、見てきたものを補強してくれるものだった。この考え方は、アファンの森の基本原則にもなっている。

どろ亀先生は、私や松木さんに会うために、何度かアファンの森を訪ねてくださった。私たちも、富良野の森を訪問した。いっしょに、九州や屋久島の森を旅したこともある。

黒姫の私の家に最後においでになったとき、先生はウィスキーをちびちび飲みながら、シカ肉のジャーキーをかじっていた。「自分は年をとり、あまり時間がない」と先生は言った。「だから、自分の教えを実行してほしい」と。

私の目には、まるで少年のように涙が盛り上がってきた。尊敬する師であり、心の父でもある先生を失う日が来るかもしれないと思うと、悲しくなった。

すると、先生はおだやかな口調で言った。

「赤鬼くん、アファンの森にとっていちばん大切なものが何か、知っているかい?」

私は大切なものをたくさん思い浮かべたが、いちばん大切なものといわれると、わからなかった。

「いちばん大切なことは、赤鬼くんと松木さんが意見を言いあって、何をすべきか考え続けることだ」

すべての生命、すべての自然について、何を、どこで、どのようにするべきか、そして、だれがそれをすべきかを考え、話し合う。それは、ひとりの人間やひとつの組織が独裁者のようにふるまうよりも、ずっといい。それもまた、私たちがいつも考えているテーマだ。

# 9章　クマを愛する

蜂の巣箱を目指す熊

私は、クマを愛している。

生まれてはじめてクマと出会ったのは動物園で、そのときはクマたちに同情して、もの悲しい気持ちになったものだ。

私はこれまで、三頭のクマを撃ち殺したことがある。狩りのためでも、何かのトロフィーがほしかったわけでもない。それは、自分を守るためだった。

一九六一年のクリスマス、私が参加していた北極探検隊のベースキャンプが、二頭のホッキョクグマに襲われた。クマは空腹で、探検隊が持ち込んだ食べ物のにおいにさそわれたのだ。その場にいたのは、私をふくめて五人。クマが部屋のなかへ入ってこようとしたので、私は建物の裏口から外に出て、ライフルで撃った。

最初の一頭を五メートルの距離から撃つと、もう一頭が襲いかかってきた。向かってくるクマに、二メートル足らずの距離から三発撃った。クマはきびすを返して、ベースキャンプの窓の光に向かって走り出したので、私は再び撃った。クマは数メートルほどよろめいて、倒れた。もし撃ちそこなっていたら、私はクマに殺されていたかもしれない。ホッキョクグマは肉食だ。

その春、別のホッキョクグマがキャンプを襲った。クマの足元の雪面を撃ち、威嚇射撃で追い払おうとしたが、結局このクマも殺すことになってしまった。

私はクマの皮をはぎ、肉を解体した。探検隊のリーダーは、二〇〇キロ離れたエルズミア島にいたカナダ騎馬警官隊の分隊に無線で連絡をとった。ふたりのイヌイットとともにやってきた警官は、犬といっしょに現場を調べ、私たちに事情を聞いて、何が起きたのかを調べた。

クマを撃ったのは、自分の身を守るためだったことが明らかだったので、私は罪に問われることはなく、クマの毛皮も没収されずにすんだ。

この素晴らしい生き物を殺したことには、喜びも満足感も感じなかった。でも、あのころ私は若かったので、探検隊の隊長が報告書に「ニコルはすばらしいライフルの使い手だ」と書いてくれたことは、ちょっとだけうれしかった。

その北極探検からもどってすぐに、私は初めて日本にやってきた。そのときに、日本には、二種類の野生のクマがいることを知った。

長年、日本に暮らすうちに、私は何度も野生のクマを目撃した。日本全国の旅館で、剥製になったクマも見た。とはいえ、クマが私の生活の一部になったのは、黒姫に住みはじめてからのことだった。

私が黒姫で初めて見たクマは、檻のなかにいた。トウモロコシの畑を荒らしているときに捕らえられた二歳のオスで、ハンター仲間の風間さんが世話をしていた。

日本の「ツキノワグマ」の顔には、はっきりした特徴がある。たいていは困ったような無邪気な表情で、獰猛に見えることはほとんどない。この若いクマは愛らしく、いかにも罪がなさそうに見えた。だけど次の日、クマは射殺されてしまった。殺さなければならなかったことはわかっていたが、それでもショックで、悲しかった。

八十年代のはじめ、私は繰り返しうつになっていた。その大きな理由のひとつは、野生の生息地を失ったクマの運命に、絶望したことだった。いろんな樹木が生い茂る古い森が、針葉樹、特にスギとカラマツの人工林に入れかわったせいで、山はクマにとって棲みにくい場所になってしまった。生きるために里に降りて畑を荒らした多くのクマが、罠にかけられたり、撃たれたりした。

捕獲されたクマを至近距離から射殺するのは、警官や獣医の役目じゃない。地元のハンターだった。ハンターといえども、こんなふうにクマを殺したい人はいない。ハンターたちは、これを自分たちの義務と思うことにした。私は彼らの思いに共感し、理解もした。

カナダの田舎では、車に「餌づけされたクマは、死んだクマ」と書かれたステッカーが貼られている。つまり、クマは人間の食物を食べ慣れると、たとえそれが捨てられたゴミであれ、畑にあるトウモロコシであれ、やみつきになってしまうのだ。

子グマは、母グマから何を食べるかを学ぶ。母グマが「伝統的な」野生のクマの食物を食べていれば、子グマもそうする。母グマが人間の食物を食べれば、子グマもそうなる。

日本のクマ牧場で働いていた青年から、かわいそうな話を聞いたことがある。クマ牧場は捕らえたクマを殺さずに、生かしたまま見世物にする施設だ。この青年は、孤児になった子グマの担当になり、大きくなるまでエサをやったり、いっしょに遊んだりした。青年は、休憩時間にタバコを吸っていた。子グマはいつも、青年の顔をなめていたという。

大きくなったその子グマは、見世物用の囲いに入れられた。ところがすぐに、ニコチン中毒で死んでしまったのだ。考えの足りない見物人が、囲いのなかに落としたタバコの吸殻を、そのクマが食べたせいだった。子供時代に、養い親である青年の口の回りをなめていたクマは、有毒なニコチンを食物だと思いこんでいたのだ。青年は、それから二度とタバコを吸わなかった。そして、涙ぐみながらこの話をしてくれた。

猟友会のメンバー、特にクマを専門とする人々は、私の気持ちを知っていた。私たちはよく、酒を飲み、山のごちそうをつまみながら、クマのことで熱く語り合った。

ある日、若いメスのクマが罠にかかった。その胸には、白い月の模様がなかった。年配の猟師は、このようなクマを「やみ」または「みなぐろ」と呼び、特別な山の女神の使いであり、殺してはならないと言った。

ハンター仲間の風間さんたち数人が協力して、クマをひそかに檻ごと私の土地へ運んできた。彼らは、クマを処刑しにやってきた役人に、「クマはいま、ニコルさんの土地にいる。ニコルさんが罠にかかったクマを殺すことについてどう思っているか、知っていますよね?」と言った。「あなたの命令でクマを撃てば、ニコルさんはマスコミで大きく騒ぎ立てると思いますよ」

そこで役人は、十万円でクマを買ってはどうかと私に提案してきた。私は肩をすくめて、同意した。若いクマの命を救うためなら、安いものだと思ったからだ。冬の間はクマを手元に置き、できるだけ顔を合わせないようにして、次の春、山奥に放すつもりだった。

クマにはもっと大きな檻が必要になって、そのために五十万円もかかった。たくさんのエサも必要だった。猟師の助けを借りても、野生の食物を十分に集めることができず、毎日りんご一箱と、塩気のない干物とはちみつを与えていた。

どれだけ金がかかったことか！

檻のなかにはわらと干し草を積み上げ、えさをたっぷり与えたので、クマはまるまると太った。雪が檻をおおうように積もると、私たちは近づかないようにして、クマが春まで安らかに冬眠してくれることを願った。

一カ月が過ぎたころ、不思議なことに、私と妻、隣人の風間さんは同じ夢を見た。「おなかが減った」とクマが言っている夢だ。そこで檻のなかを見てみることになった。

私たちは檻をおおう雪をどけてみた。檻の鉄柵があらわになると、そこには、悲しげに私たちを見つめるクマがいた。結局私たちは、冬の間ずっとクマに餌をやり続けるしかなかった。

クマを自然にもどすことは、法律違反になることはわかっていた。自然にもどしたクマが、ゆくゆく人を傷つけたり、畑を荒らしたりしたら、私が責任を負うことになる。だから、私がクマを飼いつづけるか、動物園など他の安全な場所に引き渡すか、はたまた殺すか、その三つから選ぶしかなかった。

風間さんと私にはこのクマを殺すことなどできなかったし、私の家族もそんなことは許してくれない。日本の動物園はといえば、若いメスのクマをほしがらなかった。私は世界中のちゃんとした動物園に、クマを寄付したい、クマを海外に送る費用も一部負担するつもりだと手紙を送った。彼女を檻に閉じ込めておくことは、心から嫌だったからだ。

いい返事はひとつもなかった。電話をかけたあるイギリスの動物園の園長は、同情してくれたけれど、「クマの展示は、人気がないんです」と言った。

「どうしてですか?」と、私は尋ねた。

「檻に入れられたクマは、悲しそうで、みじめに見えるから」

「でも、ホッキョクグマの展示は人気があるじゃないですか」

「ホッキョクグマには泳ぐプールがって、見物客が見て楽しめるんですよ」

結局、数年後にクマは秋田県にあるマタギの里、阿仁町のクマ牧場にひきとられることになった。そこで二十年以上過ごし、子どもも産んだそうだ。

殺してしまうよりはよかった、と私は思う。でも、とらわれの身となって、コンクリートの壁や鉄格子に囲まれて過ごすこのクマの一生を考えると、私はとても悲しくなった。

こんな事件があったことで、私はできるかぎりクマの研究を援助して、アファンの森に、クマが歩き回り、餌を食べ、遊ぶことができる安全な場所を作ろうと心に決めた。

それから、多くのクマがアファンの森にやってきた。いちばん印象に残っているのは、友人の南健二が、自動感知式カメラで撮影したクマだ。このクマは、杉の木のむこうからこちらをのぞき込んでいた。胸には白い月の模様がなかった。

この写真を撮った一年後、私たちは研究プログラムのためにこのクマを捕獲し、無線の首輪をつけた。この若いオスのクマのことは、ブラッキーと呼んだ。

ブラッキーの行方は、しばらくは追跡できたが、その後わからなくなった。というのも、このころ、外からやってきた悪徳ハンターが、追跡用アンテナと機材をもちこんでクマを追いかけていて、それを心配した風間さんや地元の猟師たちが、首輪を壊してしまったからだ。

クマがねらわれるわけは、「熊の胆」と呼ばれる胆のうが胃薬として珍重されているからだ。特に韓国と中国ではいい値段で売られる。

また、ある眠たがりのクマは、栗の木に登ったまま寝入ってしまった。朝になって、木の下でカメラを構えている健二や私に気づいて、クマは降りようかどうしようか迷っていた

（もちろん、その後クマが木から降りて逃げられるように、私たちはその場を立ち去った）。

最近も、ちょっと変わったことがあった。大きなオスのクマが、松木さんのミツバチの巣を襲い、ハチミツとハチノコを腹いっぱい食べた。さらに、松木さんの小屋に置いてあったバケツ一杯のラード（豚の脂）をまるごとたいらげたのだ。どんなに食いしん坊のクマでも、これは食べすぎだ。

松木さんはこのクマを追いかけ、翌朝、クマが寝ていた場所を見つけた。そこには、ハチの巣と半分消化されたミツバチ、そして大量のラードが吐き出されていた。どうやらこのクマは、食べ過ぎておなかが痛くなったようだ。みんなはその話を聞いて笑っていたが、同じく食いしん坊の私は、自分もダイエットをしなくっちゃ、とひそかに思った。

クマたちはミツバチの巣を襲ったり、ラードを盗んだりする以外、私たちを困らせることはなかった。私たちも、クマをわずらわさない。だから、私たちはうまくやっていると思う。

おろかかもしれないが、私はクマを怖いと思わない。クマを尊重しているし、特別な愛情を感じている。一部の人たちは、私のことを「親愛なる年寄りクマ」と呼んでくれる。その呼び方は、「赤鬼」と呼ばれるよりもうれしい。

二〇〇九年の秋は、ドングリがあまり実らなかった。その上、冬は森の雪が深かった。餌が足りないクマたちは人里に降りるしかなくなり、地元の小さな町だけでも、九頭のクマが捕らえられて撃たれてしまった。

私の心は、クマのためを思って泣いている。

# 10章　やっかいなウサギたち

ウサギの足跡

二〇一一年一月八日、今日はすばらしい日だ。雲ひとつない空に山々がくっきりとそびえたつ。昨日まで三日間雪が降り続いていたので、そのあいだにちりとほこりがすべて追い払われたのだろう。

その朝、私は景色を楽しみ、雪をシャベルでかきながらカラスと新年の会話を交わした。昼食後、松本さんに会いにいき、小屋の雪かきを手伝ってほしいかどうか確かめにいった。しかし、松木さんは雪かきをしていなかった。小屋の中で、二連式十二口径のショットガンを肩から下ろし、カンジキをぬごうとしていた。

「イノシシの足跡だと思ったけれど、シカにちがいない。そばにいく前に、逃げられた……」

「ウサギの足跡はどう?」と、私はたずねた。

「ひとつだけあったね」

松木さんはそう言うと、まきのストーブから熱くなったやかんをとってお茶をいれてくれた。私は熱いお茶をすすり、いつもどおり話しを始めた。

「ここで暮らし始めたころは、ウサギの足跡がいたるところにあった。家のそばにもあった。あまりにもたくさんの足跡だったから、このあたりの森はウサギのハイウェイのようなものだと思ったくらいだ。なのに、今はどうしてこんなに減ったんだろう？」

松木さんは、首をかしげた。

「昔は人間が森の一部を切り開いていた。おかげで山のあちこちに小さな原っぱができ、いろんな種類の植物が成長した。ウサギにとってはそれがよかったと思う。でもそのあと、林野庁が昔ながらの雑木林を、杉などの針葉樹だけの林にした。それがよくなかった」

西洋では、ウサギの数には七年のサイクルがあるといわれている。ウサギが増えると、ウサギをエサにするキツネ、イタチ、シロテン、テン、ワシなどの捕食動物が増える。するとウサギの数は減ってもとに戻る。松木さんは、このあたりのキツネとテンの数は、安定していると言った。それから、私たちは昨秋のドングリ不足について話した。

松木さんと話すと、いつも楽しく、興味をそそられる。松木さんから学んだことは多い。

彼の話は単刀直入だ。以前、自宅で、東京からきた友人と夕食後の飲み物を楽しんでいたときのこと。彼が居間にずかずかとはいってきた。

「あの小さいクソやろうが、頭を全部かじりとった。全部だ。あいつらは本当に厄介ものだ。あのクソな害虫ども」

私の友人は松木さんのけんまくに仰天し、ただ松木さんの顔を見つめていた。私は、その小さいクソやろうとはいったい誰のことか、何の頭をかじったのか、お茶はどうか、ときいた。（松木さんは酒を飲まない）

「もちろん、ウサギのことだ。昨年、植えた苗木の先っぽを全部かみ切った！」

松木さんはお茶については答えなかったが、私はお茶をいれ、東京からの客に紹介した。

「雪が積もると、ウサギは雪の上をはねる。そうすると私たちが植えた苗木の先端に届くんだ」と、私は説明した。

私たちの森には、高さ一五〇センチほどの位置にある枝が何本も枯れている若木があった。それ以外の部分は完全に健康だった。

雪解け後の森にお客さんたちを案内したとき、松木さんと私はこの木を指さしてたずねた。どうして枝がこんなふうになったか、わかりますか。誰もわからなかった。

「ウサギなんです」と私たちが教えると、お客さんたちはとても驚いた顔をした。

「このあたりのクロヒメウサギは、木によじ登るのです」と、松木さんは言った。

私は笑った。

「この人を信じてはいけませんよ。あなたをからかっているんです。ウサギは木を上りません。跳びあがるんです」

客は、私をじっと見つめた。

「そう、ウサギは跳び上がって、木の皮をパクリとかじる。跳んで、降りて、そのたびにかじる。ウサギのジャンプ力はすごいですよ。あの後ろ足と筋肉をみてごらんなさい。時々、前足で枝をつかんで、数回かじりとる」

「そんなバカな！」と、松木さんは言った。

そんなふうに、私たちは交互にふざけたことをいい、どちらかが本当のことを白状するまで続けた。

ある日、地元の幼稚園の子供たちがアファンの森をたずねてきたとき、私と松木さんは、同じひっかけ問答をやってみせた。子供たちはだまされなかった。

「ふん」と、ある男の子は言った。「それは雪のせいだよ」

もちろん、子供は正しかった。ウサギは積もった雪の高さに応じて、若い木の皮を食べたり、苗木や小枝の先端をかじったりする。

二〇一一年は兎年。私が受け取った年賀状のほとんどにウサギの絵が描かれていた。日本の人がウサギといわれて思い浮かべるのは、ペットとして普及しているアナウサギ（英語名はラビット）の姿だろう。アナウサギはヨーロッパ原産で、日本には江戸時代から入ってきた動物だ。日本原産のウサギは、ノウサギ（英語名はヘア）で、アナウサギとはかなり異なる動物だ。だから、干支のウサギは正確にはノウサギなのだ。

中国の星占いによると、「兎年」に生まれる人は、少し内向的で、引っ込み思案だという。しかしノウサギは警戒心が強いが、決して内向的でも、引っ込み思案でもない。イギリス英語の「ラビット」（アナウサギ）という言葉には弱く、臆病というイメージがあり、「ヘア」（ノウサギ）は、すばやく、強く、賢く、勇敢というイメージがある。（ただし三月のノウサギは別だ。三月のノウサギの行動はとても奇妙なので、イギリスでは「三月のノウサギのように狂っている」という表現がある）。

日本のノウサギは正式名を「ニホンノウサギ」といい、日本、韓国、中国と極東ロシアで生息している。繁殖期以外は群を作らない。一年中繁殖し、一度に二〜四匹の子ウサギを産む。赤ん坊は生まれたときから柔らかい毛に包まれ、目が開いている。生後二週間の間、朝夕お乳を飲む。

イギリスのノウサギは大半が「ケープノウサギ」というウサギだ。体毛は茶褐色で、日本のノウサギと同様に耳の先が黒い。毛の色は一年中変化しない。

ニホンノウサギは、雪の上を走るために、うしろ足がとても大きくて毛深くなっている。雪の上の足跡を見て、ノウサギの走り方を誤解する人は多い。ノウサギが走るときは、うしろ足で力強く蹴り、前足とともにからだを伸ばす。次にからだを縮め、前足が後ろ足の間に入った状態で、雪面に触れる。そして次の跳躍に向けてうしろ足で雪を蹴る。だから、雪の上に残る足跡は、うしろ足のほうが前足よりも前につくことになる。

一方、アナウサギは外見からして違う。ノウサギよりかなり小さく、耳は短く、耳の先は黒くない。毛は濃い灰色で、長く黒い粗毛が生えている。尾は茶色で、下のほうは白、横腹は渋い薄茶色だ。大きさは、体長45センチ、体重12キロを越えることはない。

アナウサギとノウサギの間には子どもはできない。ペットや、家畜のウサギは何年もかかってアナウサギを改良したものだ。アナウサギが作る穴はとても複雑で、たくさんの地下道と入り口が入り組んでいる。一つの穴が、何百ものウサギの家への入り口になりうる。

アナウサギのメスは、集団で暮らす穴から離れたところに、子育てのための巣を作る。地表からおよそ1メートルの深さにある部屋つきのトンネルで、草や葉、ウサギの腹から引き抜いた毛が敷かれてふかふかになっている。メスは年に四〜一〇匹のウサギを産むが、生まれたばかりの赤ちゃんは目が見えず、毛もはえていない。

子ウサギが生まれると、母ウサギは土で入口をふさぎ、尿と糞で印をつける。三週間の間、母ウサギは外で食事をしてから子育て用の巣に戻り、赤ん坊にお乳を飲ませる。若いメスは多産で、四〜六カ月のサイクルで子供を産むことができる。

私がはじめてアナウサギを撃ったのは、十二歳のときだった。当時、イギリスのアナウサギは農民や庭師にとってたいへんな害獣だったから、一年中アナウサギを撃つことができた。膨大な数のウサギがいたので、たいていの農民はウサギ狩りを喜んだ。

アナウサギは小麦や大麦など、ありとあらゆる作物を食べ、レタス、キャベツ、ビートその他なんでも畑に植わっている作物を荒らす。ウサギが草を食べると、草は上手に刈り込まれた芝生のように短くなってしまう。

アナウサギはもともと狩猟の的になる動物とはみなされていなかった。おびえると、ダッシュして自分の巣穴にもぐりこんでしまう。追いかけても面白いことはひとつもない。

一方、狩猟の的になるノウサギは違う。長距離の走りが得意で、最高速度は時速65キロメートルに達する。イギリスの上流階級はスポーツとして狩りを行い、犬と馬を使ってウサギを追う。今でもイギリスでは、グレイハウンド（犬の一種で狩りが得意）・レースが大人気だが、犬を走らせるために、トラックでウサギの人形を使う。

昔のヨーロッパでは、ノウサギを狩って、食べることができたのは金持ちと貴族だけだった。平民がノウサギを捕ったら、それは密猟とみなされ、重罪に問われた。

ちょっと横道にそれるけれど、イギリスにあるランディ島で暮らしたときのことを話そう。私は2回目と3回目の北極探検の間、海鳥に関する研究を手伝うためにこの島に滞在していた。そこにはたくさんのアナウサギが生息していた。

島のオーナーにウサギ狩りを勧められて、22口径ライフルの免許をもっていた私と仲間はアナウサギを狩りまくった。獲物は自分たちで食べるだけでなく、島民に分けたり、町の肉屋に売ったりした。週に六〇羽も売ることもあった。首や頭を撃ってすばやく殺したアナウサギを袋に入れ、週に二～三回、島にやってくる小さなトロール船で運んだ。

肉屋は代金として2～3シリングをトロール船の船長を通じて私に届けてくれた。

アナウサギの肉は少し鶏肉に似ていて、料理しやすい。ノウサギの肉は少し黒っぽい色で、アナウサギと違ってクセが強いので、マリネにするか、少し手間をかけて料理をしなければならない。

子供のころ、ノウサギの肉はごちそうだった。実際、今でもヨーロッパ中の人々はそう思っている。アナウサギのほうは野生であれ、飼育したものであれ日常的な、ごくありふれた食材だ。

松木さんと私は、アナウサギやノウサギについてなら、何時間でも話をすることができる。ウサギを食べる動物のこと、ウサギはどんな行動をとるのか、どうやって捕まえるか、どうやって料理するか……。黒姫で捕ったノウサギ一羽から八人分の料理を作ることができる。それは最も大切なお客さんに振舞うごちそうだ。

これからもノウサギが繁栄し、数が増えますように。植えた苗木の先をかみちぎってしまうほど多くないほうがいいけれど、松木さんや隣人の風間さんがノウサギ狩りをしたときに、一～二匹おすそわけしてもらえる程度には増えてほしいものだ。

# 11章　恐ろしいスズメバチとの戦い

窓際に蜂の巣箱

世界中で、ミツバチの数が減っているようだ。ミツバチがいなければ、ミツバチによって受粉する木の実や果物、たくさんの花をつける植物に頼る人間や動物は、深刻な食物不足に直面する。地球上のすべての生態系が崩壊しかねない。

ミツバチがいなくなると思うと、心配せずにはいられないが、ここ黒姫では、実はそれほど不安ではない。地元の友人数人はミツバチを飼っていて、アファンの森とは別に私が所有している地所にも巣箱があるからだ。三〇〇〇坪ほどのこの地所には、ハリエンジュの木がたくさん生えている雑木林がある。ここに香りと風味豊かな蜜をふくんだ花をつける木々を植えたのは、八〇年代のはじめごろだった。長年にわたって、私たちはニホンミツバチを森に定着させようとしていた。私たちの森にはハチが好む草花や木がたくさんある。

私は三〇年間、自宅で白砂糖を使っていない。料理やデザートに使うのは、沖縄の黒糖だけだ。それ以外に甘味料が必要なときは、蜂蜜を使う。今、私が使っている蜂蜜は日本のミツバチが集めたものだ。ここ数年は、松木さんのハチの巣でとれた蜂蜜ばかり食べている。

問題はクマと巨大なスズメバチだ。

松木さんはたいへんな労力をかけて、自分のハチの巣だけでなく、木の洞のなかにあるミツバチの巣もクマから守ろうとした。がんじょうな檻や、有刺鉄線など、ありとあらゆるものを使った。一方、クマはミツバチの巣に近づくために、驚くべき努力をした。クマにとって蜂蜜は大好物。遠くから蜜のにおいを嗅ぎつけることができるし、幼虫も好物だ。

私は、クマが登ってこられないように工夫した台を考案し、アファンの森ではない地所に建ててみたことがある。台は鋼鉄製で高さは地上から3メートル、直径25センチもの太い鋼鉄の四本の柱でささえられていた。

クマは鉄に爪を立てることができないので、柱を登ることはできない。周囲の木も切り倒しておいた。それでも、「ジャッキー・チェン」と名づけたとてもしつこいクマはあきらめなかった。台からかなり離れた木に登って、ハチの巣箱に近づこうとした。ジャッキーは地上12メートルの高さまで登ると、自分の体重をかけて台の方向に枝をたわませた。枝の先が台に近づくと、ジャッキーは枝から飛び降り、9メートル下にある台にものすごい勢いで着地した。その勢いときたら、鉄板が曲がるほどだった。しかもクマは収穫まぢかの巣箱六台を破壊した。私たちにとっては大損害だった。

そしてもうひとつの恐ろしい天敵、それはオオスズメバチだ。このハチは世界最大級で、おそらく最も殺傷能力が高い。体長は50ミリ、羽を広げると幅76ミリにもなる。下顎骨には強い黒い歯が生えていて、水平方向に噛む力はすさまじい。ひと噛みでハチの頭を落とすことができる。スズメバチはミツバチの蜂蜜をねらうだけではなく、ミツバチの成虫や幼虫を食べる。

自分がミツバチだとしたら、背がほぼ5メートル半、体重二〇〇〇キロ以上、六本の貪欲な足をもち、巨大で尖ったハサミのようなあご、尻からは有毒な両刃の刀が突き出ている怪物と戦うようなものだ。私は空手の黒帯だが、まったく役に立たないだろう。しかもこの怪物は、時速40キロで飛ぶことができるので、走って逃げても無駄だ。なんという悪夢!

オオスズメバチの力強い下アゴは、穴を掘るのにも使われる。それで地下に多層構造になった巣を作るのだ。また、植物の繊維を噛みちぎって巣の網や壁を作ったり、幼虫のために食物を噛み砕いたりする。

ミツバチの巣を襲ったスズメバチは、蜂蜜はその場ですぐに食べてしまうが、ミツバチの幼虫は自分の巣に持ち帰る。実はスズメバチの成虫は、固体のタンパク質を消化することができない。そこで昆虫、ときにはカエルやヘビの肉を噛み砕いて、子供である幼虫に与える。幼虫は肉のタンパク質を消化してからだから透明な液体をにじみださせる。成虫は、アミノ酸が豊富な液体をなめてタンパク質を吸収する。このように、スズメバチの成虫と幼虫は生きのびるために、互いに力をあわせている。

日本で広く飼われているミツバチの主流は、ヨーロッパ原産のセイヨウミツバチだ。明治時代に日本に輸入されて以来、九州から北海道まで全国に広がった。蜜を集めるときに、同じタイプの花に集まるため、果樹園やアブラナの畑での受粉にも重宝される。困ったことに、彼らはスズメバチにはまったく抵抗できない。ミツバチの小さな針は、スズメバチには役に立たない。しかもミツバチの針には逆とげがついているので、刺した針は二度と抜けない。無理に抜こうとすると腹の一部ごと抜け、ミツバチは死ぬ。一方、スズメバチは中空の両刃の刀のような棘のない長い針をもっているので、何度も刺すことができる。スズメバチの集団は、ミツバチの大群を殺すことができる。

でもニホンミツバチだけは、スズメバチに対して身を守る術をもっている。斥候役のスズメバチが巣に侵入しようとすると、ニホンミツバチは大群でスズメバチを囲み、動けなくする。その集団がいっせいに羽の筋肉を振動させると、集団の中心の温度が摂氏47度に上がる。

スズメバチは46度までしか耐えられない。ミツバチのかたまりのなかでは二酸化炭素の濃度も上がり、それもスズメバチを弱らせる。スズメバチはこうして死ぬ。

数年前には、大きいニレの木ににぎやかなミツバチの巣があった。クマは巣にたどりつくため最善を尽くしており、松木さんは巣を守るために、木の周りに材木をくくりつけた。暖かい日に私はそのニレの木に近づくのが好きだった。ミツバチが忙しくはたらき、行き来するのを見るのが楽しかった。

スズメバチの斥候が入口に来るのも見たし、巣の入り口にミツバチが集まり、攻撃態勢に入って団子のような集団を作る前に、スズメバチを脅して追い払おうとしているかのように羽を振動させているのも見た。

しかし、昨年の秋、誰も見ていないときに、斥候が大群で押し寄せたようだ。斥候のスズメバチがひとつの入口でフェロモンを放ち、多くのミツバチをひきつけた。それがきっかけで巣は制圧され、空にされた。一匹のミツバチも、幼虫も残らなかった。私たち、アファンの人間はみな悲しんだ。

私はクマのことはおそろしいと思わない。子グマと一緒の母グマには注意しているが、怖くはない。でもオオスズメバチは話が別だ。日本ではクマよりもスズメバチのせいで死ぬ人のほうが多い。彼らの針はものすごい。

一度、私は外に置いてあったゴム長に足を突っ込んでひどい目にあったことがある。その瞬間、足には赤く焼けた短剣で刺されたような痛みが走った。私は跳びあがって、ほえながら、長靴を脱ごうとしたが、足はたちまちはれ上がり、ベルトにさしてあったナイフを手にして長靴を切らなければならなかった。ゴム長のなかにいた若い女王スズメバチは、おそらく冬眠するつもりだったのだろう。私はこれまでの人生で、火傷したり、棍棒や棒で打たれたり、刺されたことはあるし、跳ねた弾丸の断片が胸にあたったこともある。だがそのスズメバチの刺し傷ほど痛いものはなかった。

ある日、私の本の仕事仲間である宮島さんに森を案内していたときのことだ。私たちより前に歩いていた娘婿のグレッグが、突然、首を手でパチンと叩き、叫び声をあげた。大丈夫か、と私は声をかけた。カナダ出身で、森の仕事を手伝い、松木さんの下で勉強をしていたグレッグは、大丈夫だと言った。

だがグレッグは数歩歩くとよろめいて、倒れた。脈をとってみると、とても速い。ショック状態だ。宮島さんが車をとりに行き、私たちは体重80キロの彼をなんとか運び込んで、猛スピードで地元の信越病院に向かった。そこで、グレッグは集中治療室に入れられた。

幸運にも、そこは地元の病院だったので、スズメバチの刺し傷には慣れていて、医者とスタッフは、何をするべきか正確にわかっていた。それでも医師には、あと二〇分遅ければ、グレッグは死んでいただろうと、言われた。

スズメバチの斥候はなぜ、グレッグを攻撃したのか？　それは、グレッグが黒いヤッケを着ていたためか、髪が黒くて、縮れていたからか。さらに彼は大きなブーツをはいて、ドタドタ歩き回っていた。私たちは巣の入口からおよそ一〇メートルのところにいた。グレッグの手が、飛び立ったスズメバチの偵察隊の一匹をなぎ払ったのかもしれない。ブンブン飛び回る虫を手で払うことはよくあることだ。でもスズメバチには、絶対にそれをやってはいけない。スズメバチは攻撃されたと思って突進してくる。

スズメバチにはたくさんの種類があるが、クマは共通の敵だ。だからスズメバチは黒いものや、黒い服を着ている人を攻撃するように条件づけられている。とくに巣が幼虫でいっぱいになっている季節の終わりごろは危険だ。私はいつも夏の終わりには、森で黒い服を着ないよう警告している。

私たちはグレッグの報復のために、スズメバチの巣を駆除した。厚手の衣類を着込んで、帽子をかぶり、頭にネットをつけた。新聞を筒のようにして火薬を盛り、それを巣の入り口に突き刺して、火をつける。

シューシューと炎が音をたて、濃い黒い煙が巣のなかにいる成虫をマヒ状態にする。幼虫がいっぱいのハチの巣は、ビニール袋に入れてしっかり封印し、家に持ち帰る。万一、成虫が帰りの車内で飛び回ったらたいへんだからだ。

スズメバチの幼虫（ハチノコ）は、大きなフライパンでいため、塩かしょうゆで味付けをする。松木さんはこの料理が一番上手だ。ハチノコは私の大好物の一つだが、欧米の友人は怖気をふるう。

松木さんはスズメバチの成虫を生きたままアルコールに漬ける。この酒を栄養剤であると主張して、飲む人もいる。だが私はごめんだ。

塩漬けにしたスズメバチはすばらしい塗り薬になると、松木さんは請合う。生きたまま酒につけたマムシよりはいいかもしれないが、それはまた別の話だ。

# 12章　「弥生池」と「カワセミ池」

弥生池を掘った

私たちは、アファンの森にいくつもの池を作った。池はカエルやイモリ、トンボの幼虫（ヤゴ）の棲みかとなり、カモやアオサギ、カワセミに羽を休める場所となった。池のなかにはとくに気になる場所に作ったものもある。それは木があまり成長しない一帯で、酸素の少ない地下水が地表近くまであがり、植物の成長を妨げていたのだ。地表から2メートル下の部分に、冷たく澄んだ水が流れていることも、調査でわかった。ずっと昔には、このあたりに川があったにちがいないと私は思っていた。

その場所から少し斜面を上がったところには、決して干上がることのない沼地があり、初夏にはリュウキンカが咲き乱れ、黄金色に染まった。夏の一番乾燥した日でも、ひざまで泥の中につかるほど水の量が多かった。

私はそこに大きい池を作ることに決めた。泥を2メートルの深さまで掘ったとき、古い川床の存在を証明する丸い大きな石と砂利があり、大きな石の間には陶器類の破片が見つかった。これで私の仮説が正しいことが証明された。

この一帯は、縄文時代の遺跡と人工の遺物がたくさんある。三万年前、人間は近くの野尻湖でナウマン象や巨大なヘラジカを狩っていた。

日本では、工事中に古代の遺物を掘りあてたときには、建築業者が現場の労働者にそのことを秘密にするように命じて、そのまま工事を続けるというのが常識だ。地元の役所に発見を知らせると、工事が長い間遅れることになるからだ。もちろん私たちは報告をした。

工事は数日中断し、専門家がやってきた。池の遠い端の川の玉石の上で見つかった陶器類の破片は、弥生時代の初期のものだった。

弥生時代の人々は、海岸と川を交通手段にしていた。アファンの森から流れるすべての水は、鳥居川に向かう。それは千曲川に合流し、その後、信濃川と一緒になって、新潟県から日本海に流れこむ。

教育委員会に寄付する前、私は陶器の破片類を手の上に乗せ、波形の模様を楽しんだ。私は想像した。誰かが遠い昔に、水をくんだり、つぼを洗ったりするために川にやってきて、手を滑らせた。つぼは壊れた。子供だったとしたら、怒られただろうか。大人であれば、悔しがっただろうか。

とにかく、池作りは単純な建設プロジェクトだったので、工事を進める許可が出た。将来、研究者が発掘調査を希望したとき、簡単に池の水を排出して掘ることができる。

私はとてもうれしかった。池作りを計画したとき、私の頭にあったイメージは、芭蕉の有名な「古池や　かわず飛び込む水の音」という句だった。そして、私はぴったりの名前を思いついた。弥生池だ。

池の周囲には山桜を、土手にはカキツバタを植えた。ガマ、アシ、ヤナギは勝手にはえてきた。池を訪れたカモとアオサギは、足にフナの卵をつけてきた。そして生き物が増えた。カエル、トンボ、水カマキリ、タイコウチ、水生甲虫、フウセンムシ、アメンボ、その他無数の水の生きものが新しい池に住み着いた。さらに、私が映画の撮影旅行で留守にしている間、善意の友人がコイを数匹、すべり込ませた。

小さな魚がたくさん増えたので、飛ぶ宝石のような美しいカワセミの夫婦が、狩りをするようになった。信じられないことに、私たちは松木さんの小屋のそばにある古い石の炭窯のうしろでカワセミの巣穴を見つけた。松木さんは窯を作り直し、炭を作っていたので、かなりけむい場所だった。

私は弥生池のそばに、もう一つ別の池を作ることにした。この池は東の端の土手が高くなるように作った。そうすればカワセミが土手にトンネルを掘り、ヒナを育てるだろう。私たちは新しい池に「カワセミ池」という名前をつけた。完成後一年もしないうちにカワセミは巣を造り、ヒナを育てるためのトンネルを掘った。

土手を高くすると、人が落ちて、怪我をするのではないかと心配した人がいたが、私は気にかけなかった。そんなおばかさんは、落ちたいなら勝手に落ちればいい。

だが自然は、そんなジレンマを解消してくれた。土手の頂上に笹が生い茂ったのだ。人がこの土手を飛び降りようとするなら、まず笹藪をすべり落ちなければならない。そうなれば、カワセミの邪魔をすることになるし、それは首を折っても仕方がない犯罪だと思う。

ところで松木さんは、大型のコイが大好きだ。彼の足音を聞き分けて寄って来るコイに、ゆでたジャガイモやラード、玄米などを与えていた。コイは丸々と太り、健康になった。だが、ひとつ問題があった。コイは土の土手をかじり、池を泥で汚すのだ。おかげで土手ぞいに植えたカキツバタが台無しになった。

カワセミ池の一方の端はゆるい斜面にした。池を掘っている間に大きな丸い玉石がたくさん見つかったので、それも土手を作るのに使った。傾斜のゆるい土手は、大型のアオサギが猟をする格好の場所になるだろう。さらに、コイの被害を防ぐために土手を丸い大きな石で保護することにした。

日本で山の水で育てられたコイを食べるまで、私はコイを泥臭いものだと思っていた。それは間違いだった。とくに弥生池のよく太ったコイときたら！　硬く引き締まったピンクがかった肉にはまったく泥臭さがない。アファンの森のコイは私がこれまで食べたなかでもっともおいしい淡水魚だと言いたい。

弥生池の小さい島には、一対のカルガモがほぼ毎年、ヒナを連れて上陸する。オシドリとトモエガモも訪れる。そして、もちろん、たくさんのカエルがいる！

# 13章　歓迎されない森の客人

アファンのエビネ

森が命を取り戻していくうちに、住民は増え、訪問客も増えた。鳥も、動物も、人間も、たいていの訪問者は歓迎された。なかには歓迎できない場合もあった。

地元の人にアファンの森でフキやワラビを摘んでもいいかときかれれば、松木さんも私も、よろこんで「どうぞ」と答えた。私にとっては、その人が何を摘んで、どのように調理したかを教えてもらえれば、大歓迎だった。私は森がどれだけ人間の役に立つかを調べようとしていたからだ。だが、森に忍び込んで、野生の山菜やキノコ、めずらしい花を盗んだ連中もいた。

日光が林の地面に差し込むようになると、たくさんの種類の草花が育つようになったが、そのなかに、「エビネ」と呼ばれる野生のランがあった。その花は、白や薄いピンクでとても美しい。あるとき、森のいたるところにエビネが生えたことがあった。だが装飾用の花としてエビネの人気が出て、一束五千円もするようになると、野生のエビネは姿を消しはじめた。

東京の南にある伊豆半島の一部、御蔵島はイルカで有名だが、いい香りのするエビネの種類が多いことでも有名だ。悲しいことに、私が数年前に島に行ったとき、野性のエビネはほとんどなくなっていた。最後のひと群は、高い波形番線鉄網フェンスの囲いのなかにあった。囲いの鍵は市役所が守っている。私は運よくエビネ園のフェンスのなかに入るツアーに同行することができた。エビネの香りは花そのものと同様に愛らしい。私は島民を気の毒だと思った。アファンの森では、エビネが育っていたからだ。

ところがある晩、盗人がトラックでやってきて、手当たりしだいにエビネを盗んでいった。私の見積もりでは、花の売値は総額四百万円にもなるだろう。私の怒りはとどまるところがなかった。盗人たちへの憎しみはすさまじかったので、誰がやったかわかったら、ひどい目にあわせていたことだろう。連中は森のことを調べ上げ、松本さんや私がいないときをねらってやってきたのだから、悪質だ。それから長い間、新しくエビネが育つと松本さんは盗難をふせぐために花を摘み取っていた。

盗まれるのは、ランだけではなかった。今でも、フキを盗むために大きなバッグを持ってアファンの森に進入する三人の地元のご婦人たちがいる。すでに財団のスタッフが三人をつかまえ、警告したことがある。私はこのご婦人方を捕えたときのために、適当な報復を計画している。私が怒りを感じるのは、彼女たちの家族も多くの森林を相続しているのに、何もしていないということだ。自分たちの森をちゃんと手入れしていれば、そこで山菜がいくらでも採れたはずなのだ。

数年前、私たちは地元の住人で、こそこそした年配の男にひどく失望していた。その男は森に侵入して、松木さんが育てていた野生のギョウジャニンニクをまるごと盗んだ。私は野生のギョウジャニンニクが大好きだが、松木さんは数個しか採らせてくれなかった。増やすために育てているからだ。

それなのにある週末、ギョウジャニンニクは消えてなくなった。私たちは泥棒をつかまえなかったが、男の正体を知っていた。ケルト人の呪いが効果的だったかどうかは、私にはわからない。だがその翌年、彼は死んだ。私は花を送らなかったし、葬式にも行かなかった。私がわら人形を作って、針でそれを刺したという噂が立ったが、それは間違っている。でも三つの頭をもつケルト人の神と森の保護者に乾杯をささげたことは認める。彼の魂が安らかでありますように！

私は自分で森の泥棒を捕えたこともある。山菜でいっぱいの二つの大きなバッグをかかえてアファンの森から出てきたのだ。私が大声をあげると、男は歯をむき出してうなり、関係ないだろうと言った。私を誰だと思っている。とんでもない「外人」だぞ。私がこの土地の所有者であることを告げ、おまえは薄汚い泥棒だとがなりたてたとき、男の顔に浮かんだ表情は、ほとんど滑稽ですらあった。いや、男をなぐったわけではない。だが男は私におびえ、バッグを落として逃げ出した。

同じことは、キノコでもおきる。近所の人に少し摘んでもいいかときかれれば、松木さんは自分で育てたキノコを袋にいっぱい進呈するはずだ。私たちに断りを入れる限り、隣人が少々キノコをとっても気にしない。

松木さんはいつも、ほだ木で育てたシイタケとナメコを私たちに分けてくれる。泥棒は周囲に誰もいないときをねらってキノコを盗む。その量は、一家族が消費することができるよりはるかに多い。

ある日、親しい友人の医師の本間先生（東京警察病院勤務）は、アファンの森の正面入口で、あやしい光景を見た。男が車を停め、「立ち入り禁止」の看板がついた鎖を持ち上げてくぐり、手にバッグを持って森に消えたのだ。本間先生が車の中をのぞくと、後部座席に「長野のキノコ」というタイトルの本が置いてあった。しばらくすると、男は森から出てきて、車で走り去った。私たちから盗んだキノコでいっぱいの袋とともに。

車のナンバーがわかっていたので私は警察に通報した。最初、警察は何もしようしなかったけれど、侵入者のことを私に教えてくれたのが本間先生であることを告げると、態度が変わった。警官がパトカーで男の家に行き、この男を心底震え上がらせた。

嘆かわしいことに、この男は、私たちの森で番組を撮影したテレビ・ディレクターの友人だった。このディレクターは、キノコのことを含めて森のことを情熱的に説明していたのだ。野生のものは何でも無料だという意識が日本にはある。それが、野草や山菜、稀少植物、貴重な昆虫などが消えていく理由の一つだ。

私は沖縄のやんばるで起きた事件を知っている。昆虫の収集家が木のうろに住む甲虫をとるために、木を切り倒そうと、チェーンソーを持って国立公園に入った。

私の考えでは、こうした問題が起きる原因は、公園管理管の不足にある。日本は先進国のなかでもっとも公園管理管が少ない。適切な訓練もされていない。

もう少しいい気分でこの章を終えるために、最後につけくわえておこう。森が財団になって以来、森の泥棒は数えるほどになった。私たちには犯人が誰かわかっている。ひとたび私たちが写真で証拠を握ったら、彼らは後悔することになるだろう。

今では週末はたいてい、財団のメンバーがスタッフと一緒に森を回る。さらにさまざまな種類のプロジェクトにたずさわる研究員がいる。野生の状態のものを保護するのに最もいい方法は、誰にも話さず、秘密にしておくことだと主張する人もいる。逆に善意の人が知ればば知るほど、悪者が思い通りにするチャンスが少なくなると主張する人もいる。

私は、善意の人に知らせるほうがいいと思う。財団のメンバーはみんな善意の人で、美しい花や珍しい昆虫を見るだけで満足している。知識と教育を通しての保護が私のモットーだ。

# 14章　鳥を森に呼び戻す

ウェールズ製の巣箱にシジュウカラ

アファンで一番年をとった木は、私と同じ年だ。人間に置き換えるとかなり高齢だが、木としては若いほうだ。私にとって理想的な森とは、若い木と年老いた巨木が両方そろって、成熟に向かっている状態だ。こういう森は二酸化炭素をたくわえる能力が最も高く、さまざまな種類の生物が生息できる。

シジュウカラやヤマガラ、ゴジュウカラのような鳥は、太い老木のうろ（空洞になっている部分）に巣を作る。こうした小鳥は、森の健康のために欠かせない。ちっちゃなシジュウカラ一羽が、一年間にとる虫の数は、十二万五千匹。もちろんヒナに食べさせる分もふくまれている。

ヒナの主なエサになるのは毛虫だ。ヒナが育つ時期の毛虫は、木の葉をたっぷり食べて、よく太っている。簡単につかまえることができて、みずみずしい。毛虫がいなくなり、ヒナが巣立ったあと、鳥たちは木の皮の隙間で育つ昆虫を見つける。

そういうわけで、私たちは森のあらゆる場所に、小鳥のための巣箱を置くことにした。巣箱は、箱そのもののサイズよりも、出入り口になる穴のサイズが重要だ。私たちは巣箱を観察し、どの鳥が使ったかを記録している。

一部の知ったかぶりの自然主義者は、巣箱は不自然なものだと主張している。私たちの巣箱なら、絶対にそんなことはない。私たちは太い老木がないアファンの森に欠けているものをおぎなっているだけだからだ。そもそも森に太い老木がないことは不自然だが、それは人間のあやまちのせいだ。あやまちを正していく途中には、巣箱は必要だ。

小鳥たちを森に呼び戻したいのは、昆虫が増えすぎるのを防ぐためだ。巣箱がなければ、アファンの森にシジュウカラは住みつかない。もっともこれから数十年後には、うろができるほど樹木が太くなるだろう。そうなれば、巣箱はいらなくなる。

ヒナが巣立って、親鳥も去った後の巣箱は完璧にきれいにしなくてはならない。シジュウカラの一家はとてもきれい好きで、細かいことにこだわるから、汚い巣箱には入らない。だから小鳥がシラミにたかられたり、病気にかかったりする可能性は少ない。

私たちが使っている巣箱のなかには、ちょっとめずらしい伝統的なウェールズのデザインの巣箱がある。木ではなく、陶器で、箱というよりポットというほうがふさわしい。円錐形の頂点に穴が開いていて、そこにロープを通し、木の枝につりさげる。ポットに開いた出入り口用の穴の下にはさらに小さな穴があって、小枝を挿すと、鳥のためのとまり木の役目を果たす。

私はこのウェールズのポットを親友の山中恵介に見せた。恵介はすぐれた陶芸家で、野鳥の愛好家でもある。彼は「ウェールズスタイルの巣ポット」を作った。

私たちの実験では、このポットに鳥が巣を作る確率は一〇〇パーセント。小鳥たちに大人気だ。最終的に腐ってしまう木の箱とは異なり、ポットは永遠にもつという利点もある。

私は何人かの人に恵介の巣ポットをあげたが、装飾として棚に飾るだけの人もいた。まったく不適当な場所につるした人もいる。だが鳥を愛し、理解している人がつるしたポットには、必ず鳥が巣を作る。

雪が森をおおうと、野ネズミは、雪と地面の間に穴の迷路を作る。そして落葉樹の若木、とくに松木さんがていねいに植え、育てている木の地下にもぐり、根をかじる。おそらく、木は秋に葉から吸い上げた糖分の大半を根に保管して、春まで保存するからだろう。

若木が新しい葉を芽吹かせるころになると、ネズミたちは根をかじり、木を丸裸にする。

そんな若木をひっぱると、するりと地面から抜けて、その端は鉛筆のようになっている。八年もかけて注意深く手入れをし、やっと幹が野球のバット並みの太さになった苗木がこの有様だ。

自然に対して怒ってはならないことを私は知っているが、怒りをおぼえないわけにはいかない。たくさんのドングリが地面に落ちているときでも、ネズミは苗木をだめにする。彼らは甘い若い根っこをかじるのが好きなのだ。

そこで、フクロウの出番だ。

私たちの調査では、フクロウの巣から五〇匹ほどのネズミなどの齧歯類《げっし》の頭蓋骨とあごの骨が見つかった。ヒナのエサとして、つかまえたネズミだ。ヒナが消化できない骨は、巣に吐き戻される。フクロウはヒナが巣にいる間、こうした齧歯類を数週間にわたって忙しく巣に運ぶ。五〇匹で全部ではないだろう。親鳥が自分で食べた分もあるだろうし、巣の外に吐き戻された分もあるはずだ。

というわけで、フクロウはネズミが増えすぎないようにしてくれる。私たちは、フクロウ用の巣箱もしかけている。フクロウは羽毛のある王族といってもいい。狩は一年中行われるが、初夏がピークだ。

フクロウが私たちの巣箱にすみつくまで、二～三年かかった。それからは、ほぼ毎年二羽のヒナを育て上げている。フクロウの卵が、テンやハクビシンといった木を上る捕食性の哺乳類に取られたこともあった。

『ハリー・ポッター』シリーズが最初に出版されたころ、たくさんの若者が、都会のアパートでフクロウを飼いたがったので、若いフクロウに高い値段がつくようになった。だから私たちは一生懸命フクロウの巣を守らなければならなかった。

ここで言っておこう。現実の世界ではフクロウは手紙を配達しない。神よ、このばかげた流行が早く終わりますように！

近年、フクロウたちはシラカンバの木のうろに巣作りをするようになり、私たちはとてもうれしく思っている。数十年すれば、一九八〇年代に手入れを始めたアファンの森の周辺では、フクロウのための人工の巣箱はいらなくなるだろう。

しかし、私たちが巣箱で経験したことは、放置された森の手入れをするときに役立つはずだ。

その証拠となるような後日談がある。

二〇〇九年の初夏から、アファンの森財団は、麻布大学の高槻成紀博士ときわめて親密な友好関係を続けている。高槻博士の指導と監督のもとで、学生はアファンの森で野外実習をしている。

麻布大学の実習生たちは、若いフクロウが巣立ったあとの巣箱を注意深く調べた。巣の底に溜まった細かいゴミをふるいに通して骨を取り出すという細かい作業をつうじて、エサの内容を分析した。フクロウの若鳥は、両親が運ぶ餌食を丸ごと飲み込み、消化できない部分を吐き戻す。粉々に折れた骨は何の骨か特定するのが難しかったが、頭や顎骨、歯は動物の種類を特定する役に立った。

その調査結果に、私は驚いた。親鳥がヒナに届ける餌食の大部分は、英語でいう「マウス」ではなかったからだ。その正体は「ハタネズミ」と呼ばれる異なる種類の小さい齧歯類《げっし》だった。

ハタネズミという日本語名はまぎらわしい。ネズミという言葉がついているが、ハタネズミのからだは「マウス」よりがんじょうだ。しっぽは短く、毛だらけで、マウスのようなするりと長いしっぽではない。マウスより頭は丸く、耳と目は小さい。マウスより丈夫な歯をもち、消化器系も違っている。ハタネズミは葉や根のセルロースを消化することができる。だからハタネズミは若い樹木の根や樹皮を食べて生きることができるのだ。

私たちは自分の所有地を財団に寄付したが、そのおかげで大学に自由に調査をしてもらえる。アファンの森で研究活動を行う研究員と一緒に行動することは、私にとって貴重な経験だ。アファンの森ではフィールドワークと学界を本当の意味で結びつけられるし、科学と文化、歴史をブレンドすることができるのだ。

# 15章　やっとできたレンジャーの学校

野外で教える著者

私は一九八九年に環境庁の委員会のメンバーに任命された。それは光栄なことだった。黒姫と東京を行ったり来たりしなければならなかったけれども(当時、東京に行くには、黒姫駅発上野行きの電車で三時間半かかった)、うれしかった。ところが、いざ委員会に参加してみると、このうえなく退屈なことがわかった。

会議の時間のほとんどが、報告書の言い回しに関する議論に費やされた。報告書は重要な問題もふくんでいたけれど、あまり具体的ではなかった。現場で働く自然主義者や環境保護主義者にとって肝心な問題を扱っていなかった。

この委員会は一年間続き、最後の会合には当時の北川環境庁長官が出席した。私には自分の意見を表明する時間はなかった。そこで、私は自分の報告と勧告を書類にまとめ、印刷して、委員全員と関係当局に配った。つまり、委員会と環境庁に物申したのだ。

日本は技術先進国で人口も多いが、陸地面積の67%は樹木でおおわれている。北の北海道から南の沖縄まで、日本には、29の国立公園があり、陸地面積の5・4％を占めている。また56の国定公園があり、陸地面積の3・6％を占めている。したがって、日本の土地の9％は、ある種の公園だといってもいい。

それにもかかわらず、公園管理官の数は悲しいほど少ない。報告書を書いた時点で、日本中にいるレンジャーの数は百三十人で、大部分の国立公園にはレンジャーが一人いるだけだった。さらに、レンジャーには、フィールド・トレーニングや専門家としての知識は要求されていなかった。公務員の試験に受かるだけでレンジャーになれたのだ。一部には、登山や潜水、野外の技術を自分でマスターした人がいたが、日本の公園レンジャー専門技術の一般的なレベルはかなり低かった。（はっきり言って、見ちゃいられないレベルだった）

エチオピアのシミエン・マウンテン国立公園で監督官をつとめていたとき、私の下には20人のレンジャーがいた。彼らは野外の技術を身につけていて、きわめて優秀だった。自分の手の甲のように山をよく知っていたし、戦い方も知っていた。馬に乗ることもできたし、ブーツをはいて、ライフルと弾薬、水筒とポンチョを運んで制服を着、四時間走りつづけることができた。

どこでも野営して眠ることができ、羊やヤギを殺して三〇分以内に調理することができた。

レンジャーの半数はハイレ・セラシェ皇帝の軍の護衛官出身者だったが、残りの半数は逮捕された山賊で、国立公園のレンジャーになるか、ひどい罰を与えられるか選ばされた人々だった。彼らは屈強で、忠実な男たちだった。

カナダやアメリカのレンジャー、あるいはタイやコスタリカのような国のレンジャーと比べると、日本のレンジャーは情けない。さらに問題なのは、日本のレンジャーは約二年ごとに移動し、担当地域のことをほとんど知らないことだ。

緊急時の救出作業をやりこなし、四輪駆動の水陸両用車やスノーモービルを運転し、カヤックやカヌーを使い、馬に乗り、手入れをし、大型動物の皮をはぎ、解体し、泳ぎ、もぐり、クロスカントリースキーをあやつり、素手の戦闘技術を身につけ、射撃と狩猟ができ、現場で応急手当をする技術があり、無線を使いこなし、キャンプを設営し、なによりも自分の地域の野生の生き物を知りつくしている……そんなレンジャーには、日本では会ったことがない。カナダやアメリカの優秀な公園管理官なら、すべてできるはずだ。

私は国立公園のレンジャーやエコツーリズムのガイドを養成するために、日本で大学を設立すべきだと提案した。そこでは二年をかけて野外実習、サバイバル、緊急時の救出方法、環境教育などを教えるのだ。

日本はアジアではもっともレンジャーの養成に適した国だ。さまざまな自然環境が体験できるし、アジアで最も治安がいい。安定した政府と、言論の自由、宗教の自由があり、すぐれた道路や鉄道などの交通手段、さまざまなコミュニケーションをとる方法がある。

この報告書を書いたときに頭にあったのは、エチオピアで私の部下だった副監督官のメスフィンという優れた青年のことだった。メスフィンは、タスマニアのムワカレンジャー・カレッジで訓練を受けた青年だった。

当時のレンジャー学校の卒業生はアフリカ中の国立公園に散らばっていた。文化や宗教の違いにもかかわらず、卒業生は兄弟であり、野生生物の保護に身をささげていた。自然に対する真実の愛は、種族の違い、宗教、政治を越える。

日本で同じことをしたらどうだろうか。

さて、その委員会では北川さんと、元上級レンジャーだった瀬田さん以外は、誰も私の考えにたいして興味をもたなかったようだ。私が委員会の最後の会合の場を去ろうとしていたとき、瀬田さんはうしろから私を呼びとめ、報告書のコピーを後任の環境大臣の机に置くことを約束してくれた。

私の報告書はしかるべき人々の目にとまり、最終的にレンジャー学校が設立される運びとなった。

学生、特に開校した当時の学生たちは優秀だった。当初は、森や、夜のテントや、屋久島への野外研修で、できるだけ多くの時間を学生たちと過ごした。

十六年が過ぎた今、私は日本だけでなく、世界中で私たちの学校の卒業生に会い、連絡を取る。そのうちの二人はアファンの森財団で働いている。私たちのために研究者やコンサルタントとして働く人々もいる。イギリスにわたって、世界的な鳥のイラストレーターになった卒業生もいれば、漁師になった卒業生もいる。環境省と林野庁で働く卒業生もいる。プロのガイドとしてエコツーリズムの世界に入った人もいれば、有名なアウトドア用品のメーカーや販売店で働く人もいる。テレビ業界でドキュメンタリーを製作している卒業生もいる。彼らはカナダの極地や、アメリカのイエローストーン国立公園、ブラジル、オーストラリア、タンザニア、フィリピンに調査に行った。

私は卒業生たちをとても誇りに思う。私たちは夢をいだいた。そしてその夢は、私にとって、アファンの森がなければ見ることのできなかった夢だ。

# 16章　ウェールズの森と姉妹森へ

ワグスタフ氏とゴマソール英大使(右)

日本の土地をたくさん買って、ニコル家の遺産として後世に伝える――そんなつもりはまったくない。たしかに、住むための家と、野菜を少々栽培し、豚や鳥を飼えるだけの土地はほしかった。でも、私がめざしていたのはいつだって、美しい森を作り、それを日本の国に返すことだった。

なぜか。私は世界のどの場所よりも多くの時間を日本で過ごした。私を育て、教え、友となり、私と家族を守ってくれた日本に、感謝しなければならないと思っている。危険のない幸せな暮らしができるのは日本のおかげだ。私は、いつも夢を追うことができた。日本は、外国人としてやってきた人間に対してとても寛大だった。そして私は一九九五年に日本の国籍を取得した。

アファンの森が財団になれば、私の死後も森は残り、成長し続けることができるようになる。土地が細かく区切られて売却され、工事現場やゴルフコース、産業廃棄物のためのゴミ捨て場に変えられることはないだろう。

家族が財団を作ることに同意してくれたことは、とてもありがたいと思う。私が買い集めた土地の名義のほとんどが妻の名前になっていた。当時、私はまだ日本の国民ではなかったからだ。

日本国民となったあとでも、財団法人になることは簡単ではなかった。当時、国の財団法人になるにはたくさんのお金が必要だった。そこで、私たちは県の財団法人になることにした。条件がそれほどきびしくなかったし、当時の田中康夫長野県知事はとても知的な人物で、私たちの目的を理解してくれた。

財団法人として承認をうけるにあたって、財団名に私の名前を入れるほうがいいということになった。だから、アファンの森の正式名は、「C・W・ニコル・アファンの森財団」という。

私は再びウェールズへ旅立った。アファンの森のアイデアの引き金になったアファン・アルゴード森林公園を訪問するためだ。財団法人と認められたおかげで、次の計画を実行しやすくなった。

アファン・アルゴード森林公園は一九四七年に、子供たちのための広さ10エーカー（〇・〇四平方キロ）の森林教育センターとしてスタートした。一九七五年までに、公園の敷地面積は一九〇エーカー（〇・七平方キロ）に増えた。そして二〇〇三年までには、一〇〇平方キロまで拡大し、アファン・アルゴード森林公園が設立された。

長野にある私たちの森は小さかったが、ウェールズのアファンも最初は小さかったのだ。何年もの間、私たちはウェールズとの交流を維持し、とくにアファン・アルゴード森林公園のレンジャーだったリチャード・ワグスタッフとは親しくつきあってきた。

そこで思いついたのが、姉妹森というアイデアだ。姉妹都市は世界のいたるところにある。いろいろな国の都市や町が、世界平和を最終目標にして、友好と協力、相互の尊敬と理解の協定を結んでいる。でも、森は前例がない。森だって姉妹になれるんじゃないかと、私は思った。

ウェールズを訪問したとき、私はリチャード・ワグスタッフに、二つの森を姉妹森にするというアイデアを話し、長野のアファンの森を見にきてほしいと誘った。

リチャードが実際に長野にやってきたのは、アファンの森が財団法人として承認されたあとだった。彼がアファンの森に到着したときには、すでに夜になっていた。私の家から徒歩数分の場所にある友人のロッジに泊まってもらったが、朝、目がさめたとき、休火山黒姫山の眺めに本当に感動した、とリチャードは言った。黒姫は標高二〇五三メートルで空に手が届きそうだ。ウェールズの最高峰は標高一〇八五メートルのスノードン山。その二倍の高さだ。黒姫は山頂まで樹木でおおわれている。スノードン山は本当に美しい山で、ウェールズの誇りだけれど、残念ながら山頂は岩だらけで裸だ。

実際、イギリスでは主要な山の山頂には森はない。山肌はほとんど岩だらけで、植物が生えない。ウェールズでは、丘も頂は岩だらけで、羊によって芝生のように刈り取られた牧草が生えているだけだ。

私は、黒姫の伝説をリチャードに説明した。昔、活火山だったこの山には、黒い龍が住んでいた。黒龍はあたりを飛び回るうちに、北信濃の豪族の娘である黒姫を見かけ、一目ぼれした。

黒龍は若侍の姿に変身して豪族の城を訪れ、正体をあかして姫を妻にほしいと父親の城主に願い出た。城主は姫を人間ではないものと結婚させる気はなかったので、むずかしい課題をやりとげたら、結婚を認めようと答えた。それは人間の姿のまま、はだしで城の周りを走ることだった。城のまわりの地面には、たくさんの刃が仕掛けてあり、黒龍の足は切り裂かれ、血まみれになった。しかし黒龍はあきらめず、不平も言わず走りぬいた。

ところが城主は約束をやぶって、結婚を認めなかった。黒龍はだまされたと怒り、龍の本性を現して復讐を誓いながら、住みかの火山へと飛び去った。龍が怒りにまかせて巻き起こした暴風雨で、豪族の領地はたいへんな被害を受けた。

豪雨のなか、姫は城の最上階に上り、龍に慈悲を求めた。姫の嘆願を耳にした黒龍は、心を動かされた。煙と炎を吹き出す火山から舞い降りて姫を運び去り、妻にした。

その日から火山はおだやかに静まった。姫が領民のために犠牲になったことを知った人々は勇敢な姫をしのんで、火山に黒姫という名をつけた。

この物語はウェールズにも関係がある。ウェールズの国旗のシンボルは、強くて恐ろしい赤い龍だからだ。

リチャードと松木さんは、相手の母国語を話せなかったが、最初から馬があった。時々、私は二人のために通訳をしたが、たいていの場合、二人はあちらこちらを指差しながら、それぞれの言語で話し続けた。私たちは一日の大半を森で過ごし、松木さんの小屋に立ち寄ってお茶と会話を楽しんだ。

その晩、私はリチャードにたずねた。私たちの小さい森は、アファン・アルゴードと姉妹森になる資格があるだろうか。

「もちろん！」と、彼は言い、私たちは再び握手した。

私はとてもうれしかったが、私たちの森は、アファン・アルゴード森林公園と比べると、とても小さいことが気になった。

「大きさじゃない」と、リチャードは言った。「こういう風に見たらどうかな。ここに長野県という大きな包みがある。あなたはそこに美しい小さな切手を貼る。包みを見る人は、まずどこを見るだろうか。美しい小さな切手だ」

アファン・アルゴードは10エーカーから始めたが、私たちの森はすでにそれより大きい。しかも、クマがいる。ウェールズでは野生のクマはずいぶん昔にいなくなっていた。

二〇〇二年8月25日、私たちは森で特別な式典を催した。リチャード・ワグスタッフと私は、アファンの森とアファン・アルゴード森林公園を姉妹公園にする合意書に署名した。文書は英語と日本語で書かれ、駐日英国大使のスティーブン・ゴマソール卿が立ちあってくださった。式典には地元信濃町の町長と議員も出席した。

それはすてきな夏の一日だった。私は胸がいっぱいになった。調印式でケルト・ハープとギター、フルートでウェールズの国歌の旋律が演奏されたとき、私の胸は張り裂けそうになった。あふれる涙がとまらなかった。この美しく感動的な旋律を日本の緑の森で聞くことになろうとは、夢にも思わなかった。微風が吹いてきて木のこずえを揺らし、音を立てる。森は音楽に参加しているかのようだった。音が止むと、鳥がいっせいにさえずりはじめた。その音はハープと同じくらいすてきだった。

二〇〇三年6月30日には、ウェールズのアファン・アルゴード森林公園の日本庭園である「漢字の森」で式典が開催された。駐英日本大使が立会い、リチャードと私がサインした。

式典にはたくさんの人が参加していた。私のいとこ、叔母、公園スタッフ全員と地元の住民、ニース・ポート・タルボットの市長、英国林野庁の高官など多くの名士たち。マスコミも立ち会っていた。私のかかりつけ医である東京警察病院の本間博士など、日本からの友人もこのイベントのためにウェールズにきてくれた。それはすばらしい日で、天候もいうことなし、だった。

署名とスピーチの後、私たちは歩道橋を越えて白い大きなテントまで移動し、そこで軽食とビール、ワインとシャンパンなど飲み物が出された。

日本の日の丸がウェールズの赤いドラゴン旗のそばに、誇り高く揚げられた。それは私にとって、誇らしく、幸せな日だった。

私は、自分が生まれたウェールズと、現在の故郷である日本の架け橋になりたかった。森と森を愛する人々のおかげで、ついに橋が築かれた。

# 17章 「日英グリーン同盟」の果実

ボランティアによって敷かれたウッド・チップ

二〇〇二年は、「日英グリーン同盟」の年だった。これは私が二〇〇一年に駐日英国大使スティーブン・ゴマソール卿に提案した運動だ。グリーン同盟は一九〇二年に締結された日英同盟の締結一〇〇周年を記念したイベントでもあった。

日英同盟は、二〇年以上にわたって二つの島国の最も友好的な関係をもたらしたが、それは政治的、軍事的に両国を結ぶことを目的としていた。イギリスはロシアと戦う日本を支援し、鉄道や灯台建設の支援はもちろん、日本帝国海軍の訓練と設立を助けた。日本帝国海軍は地中海で、同盟国とともにドイツ、オーストリアの潜水艦と戦い、アジアやオセアニアからヨーロッパに向かう兵員輸送船を護送した。（私はこの点について研究し、歴史小説を書いたことがある）。

日英グリーン同盟の目的は、英国と日本の若者が地球の生態環境の問題について考え、意見を交換することだ。

二〇〇二年、日英グリーン同盟の運動として、日本全国にイギリスのオークの木を植えるプログラムが開始された。招待状が出されてすぐに、百二十一のコミュニティから参加希望の登録があり、最終的に百六十のコミュニティが参加した。私が住む信濃町も参加した。市長やスティーブン卿と共に、私は黒姫童話館の脇にイングリッシュ・オークの苗木を植えるイベントに参加した。地元の人々も数百人集まった。

スティーブン卿は江田島の帝国海軍大学博物館、現在は海上自衛隊の大学の前に、オークを植えるイベントにも参加した。制服姿で行進する士官候補生と士官、ブラスバンドが日本とイギリスの国歌を演奏し、特に壮大なイベントになった。日本の船乗りの歌「海ゆかば」と、それに対応するイギリスの船乗りのための賛美歌「海で危険にさらされたものへ」の勇壮な演奏も行われた。

日英同盟に関する小説の調査でおとずれたのをきっかけに、私はこの大学と親しい関係にある。ここ11年間、毎年、海軍史を全学年向けに講義しているのだ。そしてオークの木は、海軍史でとくに重要だ。軍艦が鋼鉄で作られるようになるまで、軍艦の大部分は木造で、オークの材木が使われていたからだ。

グリーン同盟のイベントと式典をきっかけに、つながりをもつイギリスと日本の町がたくさんあることがわかった。それは歴史を通じて、あるいは個人を通しての友好のきずなだった。のり産業、競馬、登山、ウィスキー蒸留、鉄道、様々な医療使節団、国際消防同盟、ゴルフ、テーマパーク、庭、テディベア、学校その他多くのものごとによるつながりだった。だが姉妹森は私たちが最初だ。ほかの場所でも同じような試みが広がることを願っている。

あれからもう10年になろうとしている。植樹したイングリッシュ・オークはどれもすくすくと育っている。

ウェールズのアファン・アルゴード森林公園をおとずれたとき、私はいやしの場としての森を利用する話を耳にした。地元の医者は、健康によくない食品を食べたり、ビールを飲みすぎたり、運動不足から発生することが多い糖尿病や肥満、心臓疾患、喘息といった症状の患者に対して、散歩を勧めるという。

炭鉱が閉鎖されたときには、たくさんの男性が失業した。彼らはやることがなくなり、金もないので、自宅にこもるか、ビールを飲むためにパブに行く人が多かった。安くておなかがいっぱいになる食べ物といえば、ジャガイモか、脂肪たっぷりの肉、マーガリンと白パン、白砂糖で作られるプディングやケーキだった。病気になるのは当然だ。

一方、ボランティアとしてヤブを刈り取ったり、植樹を手伝ったりした男たちは、普通の人より健康状態がよかった。それが、治療法として森の散歩を処方するというアイデアにつながった。

本間先生はウェールズ訪問でこのことを知り、非常に興味を持った。以前から森の散歩を患者に処方してきた地元の医者に会いに行き、患者のカルテなど記録があるかどうかをたずねた。医者は、記録などないと答えた。

「森を歩くことは、からだにいい。きれいな水をたくさん飲み、新鮮な空気を吸うのとおんなじだ。そんなことは誰でも知っている。なぜ記録を残す必要があるのです?」

さて、ウェールズではそれでもいいかもしれないが、本間先生自身が森の散歩を正式に処方箋に書くとなると、森の散歩に健康を増進する効果があることを証明する科学的な証拠が必要になる。

本間先生は、さまざまな年齢の大人67人を集めて実験をした。まず、信濃町の病院で血圧、唾液、血液の検査をした。その後、全員が森でゆっくりした散歩をした。散歩が終わると、病院でもっと多くの検査を受けた。参加者全員が、程度の差はあっても、病気に対する抵抗力が高まり、ストレスのレベルが下がり、血圧が安定した。

つまり、森を歩くことが健康にいいことは証明された。森はいやしの場だ。でもその理由はどこにあるのだろう。森の空気の質がいいからか？　それとも樹木から出る殺菌効果のあるオイルのせいなのか？　耳ざわりな人工の音がないからか？　健康的な森では、敵対するものがなく、見るものすべてが目に穏やかだからか？　たとえば、マイナスイオンの濃度のような未知の何かが作用しているのか？　あるいはこうしたすべての要素の組み合わせかもしれない。

また、別の研究から、樹木に葉がつきはじめると森の空気が涼しくなることがわかっている。私たちの森は、森の外よりも平均2度ほど温度が低い。太陽が照りつける暑い日でも、森の中は涼しい。茂った葉は穏やかな木陰を作るだけではなく、水を蒸発させる作用があるため、クーラーの働きをしている。

不思議なことに、冬は森の中の温度は外より2度ほど高い。木の幹が冬の穏やかな日光の暖かさを吸収するのだろうか。冬のくもりの日に、雪が積もった森を歩き、木の幹にほおを寄せたところ、温かみを感じたことがある。

森にはたくさんの謎がある。

私たちは、訪問客の数を一日30人に限定している。野生動物をおびえさせて、追い払ってしまいたくないからだ。研究者ならどこに入ってもいいけれど、見学者の立ち入りは散策路だけにしてもらっている。

訪問者の数は、散策路につきまとう問題だ。毎日、数人が遊歩道を歩くだけでも植物は影響を受ける。道は雨や溶けた雪で侵食され、泥だらけになる。泥道を歩くとき、人は泥をよけようとして道の脇を歩く。そうなるとさらに道が崩れていくことになる。

私は、世界中の国立公園を訪ね歩いた。この問題を板張りのボードウォークを作ることで解決したところもあった。だがボードウォークは自分たちで敷設、維持するには費用がかかりすぎる。さらに私たちの森は雪が多いため、ボードウォークは使いにくい。

そこで、アファンの森では道に木のチップを敷きつめることにした。伐採された木の幹や枝を山のように集め、巨大な木の粉砕機に通して粉々にする。その後、たくさんの農作業用の一輪車と熊手を用意して財団のメンバーからチップを敷く作業を手伝ってくれるボランティアを募る。

作業の直後は、木材のなかにある糖分が発酵してすばらしい香りがする。木のチップを敷き広げた道は歩きやすく、維持も簡単だ。チップが腐って柔らかい茶色の腐植土になったら、新しいチップを敷けばいい。チップにひきつけられるらしいミミズとカブトムシの幼虫をとるために、イノシシが道を掘り起こすのにはちょっと困ったが、それも熊手ですぐに修理できる。

私たちはサウンド・シェルターや木登りの場所、子供や学生が集まる野外の暖炉があるテントのそばなど人々が集まる場所にも木のチップを敷いた。

クマもこの道を歩くのが好きだし、目の不自由な人にとっても歩きやすい。

季節によっては、作業を手伝ってくれるボランティアのグループに、山の幸をごちそうする。山菜のテンプラや、野菜やキノコの汁はもちろん、前日に時間があれば、シカやイノシシの肉でシチューを作ることもある。散策路で仕事中のボランティアの写真をみれば、彼らが楽しんでいることがわかるはずだ。

# 18章　チャールズ皇太子がやってきた！

松木小屋でのチャールズ皇太子

駐日英国大使グラハム・フライ閣下と妻の豊子さんは、熱心なバードウォッチャーだ。私はご夫妻をアファンの森に招待した。私たちは鳥を探しながら、楽しい時間を過ごし、その後ワインをすすり、一緒に夕食をとった。

そのとき大使は、イギリスの皇太子がその翌年に日本へ小旅行をすることになっていて、アファンの森への訪問を希望していると言った。私は驚いた。この話は胸にしまっておいて、知る必要がない人に教えないこと、とくにマスコミには何も発表しないことになっていた。

長年の間には、高円宮夫妻をはじめ、アファンの森を訪問してくださった重要人物はたくさんいる。でも、チャールズ皇太子がおいでになるとは夢にも思わなかった。ウェールズは私の故郷。十四世紀にウェールズがイングランドの支配下に置かれて以来、イギリス王室の皇太子は、ウェールズ公の称号が贈られる。だからウェールズ公チャールズ殿下は、私の心のなかで特別な地位を占めている。

チャールズ王子が生まれたとき、ウェールズ人の祖父は、半クラウン硬貨を私にくれて、こう言った。「今日は特別な日だ。ウェールズは、再び自分たちの王子をもつのだから」

チャールズ皇太子は有機農法の促進、絶滅の危機にあるイギリス国内の動物や野生生物の保護、森林保護、恵まれない子供たちのための野外教育、歴史的建造物の保存と改修といった仕事を行ってきた。

私はそんな皇太子を尊敬している。イギリスの未来の国王が遠路はるばる黒姫まで、イギリス国籍を捨てたウェールズ人が運営する小さな森にやってくるとは、まことにたいへんな名誉なのだ。

夏の間、私たちのところに政府の担当者が何度もやってきて、旅程や行程、随行者、警備などを相談した。最初にやってきたのは東京のイギリス大使館の職員で、そのあとに日本の警察、外務省、宮内庁、そして地元長野県警の関係者が次々とおとずれた。

皇太子は、二〇〇八年一〇月三〇日に、アファンの森を訪問することになった。同行するのは高円宮妃殿下だ。私はほっとした。妃殿下は二度黒姫を訪れ、滞在されたことがあり、私が妃殿下のお宅に招かれたこともある。

私のことを「オールドベア」と呼ぶ妃殿下は陽気なレディーで、流暢な英語を話される。

二〇〇二年十一月二十一日に夫の高円宮殿下を突然に亡くされて以来、妃殿下はさらに多くの公務の重荷を、快い微笑とマナーでこなしていった。

私はマネージャーの森田いづみさんと松木さん、財団のスタッフにはこのことを言わなければならなかったけれど、みんなに秘密にしてもらった。

その日が近づくと、警官が車輪つきの杖にメーターをつけた計測器をもってやってきた。皇太子と散歩する正確なルートを知りたいという。通常、私たちが歩くルートは二〇分かかり、長すぎることがわかった。そこで私たちはクマの道を利用して歩きやすい道を作ることにした。ヤブを刈りこみ、川に橋をかけ、泥道に板を渡し、道全体に木のチップをまいた。すてきな遊歩道ができた。この道は今でも「チャールズの道」と呼んでいる。

訪問の前日である一〇月二九日はほぼ一日中雨が降り、うっとうしい灰色の雲が山をおおった。こんなさえない天気が続いたらどうなるか、と私は担当者にたずねた。皇太子はそれでも森を歩きたがるだろうか。答えは、とても簡単だった。傘をさせばいい。

その夜遅くに裏口のドアから首を突き出してみたら、まだ雨が降っていた。私はとても神経質になった。モルトウイスキーを飲み、ベッドに入って最善を祈るほか、できることはなかった。

ところがありがたいことに、朝になると空は晴れ、ちぎれ雲だけが浮かんでいた。黒姫のお行儀は最高によく、紅葉で美しく飾られていた。

宮内庁や外務省、警察、大使館のスタッフと私たちは森に集まった。チャールズ皇太子は高円宮妃、英国大使夫妻、そして皇太子直属の警備スタッフ、日本の警察とそのほかの重要人物とともに新幹線で長野に到着することになっていた。彼らは長野駅で出迎えをうけ、警備員が同乗する複数の車で移動し、イギリスと日本の取材陣がバスであとから続く。

訪問客が到着する少なくとも一時間前に、長野県警の大部隊がバスでやってきて、平服で森に散開した。彼らは姿を隠しながら、侵入者に目を光らせた。全員が屈強で強そうな男たちで、これまで出会ったやくざよりも怖そうにみえた。しかし、彼らはとても有能で、すべてが終わるまで姿を見せなかった。

警察は私がどこに立つべきか、皇太子に挨拶し、握手する前に何歩歩くべきか、といったことを正確に教えてくれた。一行の車が長野を出発した時刻、現在の位置、森の入り口に到着する予定時刻といった情報が、無線で次々に伝えられた。

まもなく、白バイ警官が轟音を立ててやってきた。オートバイの後、黒塗り車列が到着する前に、ひさしつきの帽子をかぶった年配の日本人男性が、ありふれた白い軽トラックを運転して通りかかった。彼は脇道から、一行の行列にうっかり入り込んだにちがいない。私たちは、笑わずにはいられなかった。

最後の無線連絡がきて、私は入り口の反対側で待った。

チャールズ皇太子の握手は、とても強く、しっかりしていた。その手は働き者の農民のようだった。彼は非常に洗練されたスーツを着て、きれいに磨かれた茶色の靴を履いていたが、私は普通の野外用の服装だった。高円宮妃殿下は森の散歩にふさわしい服装で、とてもスマートだが着心地がよさそうなスーツをお召しになっていた。

私は森や山を歩くときは、常に棒を持ち歩いている。チャールズ皇太子にそのことを断ると、彼は「もちろん、かまいません」といい、部下に合図をした。すると部下は美しい彫刻が施された杖を、車のトランクから運んできた。

私たちは森を散歩し、地元の子供たちと市長の一行に会うために止まり、ツリークライミングをする人々を見学し、水生昆虫の研究をしているレンジャー志望の学生たちと話をした。皇太子は、森林と林業のことをよく知っていて、私たちがほだ木で栽培しているシイタケとナメコに興味をもった。

サウンド・シェルターの焚き火のそばで、私たちは羊皮とカラフルな敷物を敷き、お茶とサンドイッチを楽しんだ。とても短い、わずか二時間の訪問だった。だがそれは、私の人生でも最高に幸せで最も誇らしい日だったと思う。チャールズ皇太子は、魅力的で楽しく話ができる人だった。帰り際、皇太子はハイグローブにある別荘に招待してくれた。

イギリスでも皇太子のアファンの森訪問は報道され、新聞に皇太子と私が並んだ写真がカラーで掲載された。世界中の人々が私に手紙をくれた。アファンの森は国際的な地図にのるようになった。

この訪問の小さなエピソードを紹介しよう。その日は全部で一二〇人以上の人間がアファンの森にいた。車の方へ歩いて戻るとき、皇太子は苦笑いしながら私を振り向き、森にこれだけの人がいたら、野生生物は恐れをなして逃げてしまっただろう、それを非常に申し訳なく思うと言った。

でも皇太子の心配は杞憂に終わった。その晩、クマがやってきて、新しくできたチャールズの道を歩き、道の中央にクリスマス・プディングのようにナッツとベリーがまざったプンプンとにおうブツを、うずたかく落としていった。私は、これが歓迎と承認をあらわすクマなりのやり方だったと信じている。

# 19章　アファンセンター実現へ

センターの地鎮祭

長い間に、森にはたくさんのお客さんが訪れた。二〇〇二年に森が財団になってからは、さらに数が増えた。たいていの場合、お客さんは松木さんの小屋で、もてなしを受けることになっている。

お客さんは薪ストーブのそばにあるベンチのような椅子に腰掛け、松木さんはちょっと高くなった畳敷きの床の上に座る。畳の上にはビールや、クマとタヌキの毛皮、道具、ポット、ビスケットやチョコレートの箱など、松木さんが必要だと思うあらゆるものが置かれていて、どれも松木さんの手の届くところにある。右手を伸ばせば、お茶の缶と急須がそこにある、というぐあい。

松木さんは薪ストーブの上でわかしているやかんの湯でお茶をいれて、お客さんに出す。小屋は六人も入ると満員になるので、あふれた人は小屋の外に座ることになる。運がよければ、キノコ汁やクマまたはイノシシの鍋、ときにはおでんをふるまわれることがある。すばらしい味だが、サービスは洗練されていない。

　松木小屋だけでは、とても訪問客をさばききれなくなっていた。セミナーを開いたり、お客さんを数十人集めて昼食会や夕食会をしたりする場所がほしかった。そんなとき、あるご婦人のご好意で、財団の事務所としてセンターを建てる資金が手に入ることになった。仕事の打ち合わせをする部屋だけでなく、森の木で作った炭を使って料理ができる大きな台所や、大きな石の暖炉と高い天井、特大のフラットスクリーンを備えた大ホールがある——そんな施設を作ろうと思った。

　建物の材料は、日本産の材木と地元の石材だけで、輸入材木はいっさい使わないつもりだった。でも、そこにこだわったおかげで、困った問題が起きた。希望どおりの国産の材木がなかなか手に入らない。日本の国土の六七％は木でおおわれている。ところが木を切って山から運び、乾燥させて、流通させるシステムがだめになっているのだ。

　センターの建設工事がはじまる一年前に、家具を作るための堅い木材をアファンの森から収穫することはできた。でも、建物の材料にするスギとイトスギの材木は手に入らなかった。

　新しいセンターの敷地はアファンの森に隣接する土地で、二十八年ほど前に買ったまま誰も住んでいない小さな農家と大きな栗の木があった。この栗の木はセンターのシンボルになった。

二〇〇九年一〇月には設計が完成し、建築の準備ができた。日本では工事の前に地鎮祭（「神」をなだめる儀式）が欠かせない。

欧米でも建築工事の前には起工式という儀式が行われるが、日本の地鎮祭とはまったく違う。西洋の儀式は、神様に土地と建物に祝福を与えてくださいとお願いする。日本の神道では、土地そのものが神聖なものと考えられているので、人間は工事をさせてくださいと、神様に許しと理解を求めるのだ。

地鎮祭をとりおこなったのは、野尻湖にある弁天島の神社からやってきた神主さんだった。太い縞のある生地で作られた大きなテントのなかに祭壇が作られ、そこに塩、米、酒、魚、乾燥昆布、新鮮な果物や野菜、それに常緑の榊が備えられた。祭壇の片方の端には砂で作られた小さな円すい形の山があり、頂点に葉のついた短い枝が数本刺してあった。

神主さんは神に祈りをささげ、誰がどんな工事をするか報告し、理解と天の恵みを求めた。「お祓い」の儀式では、大幣《おおぬさ》を祭壇の上や、お辞儀をした人々の頭の上や地面の上で振った。神主の詠唱が続く間、カラスが近くの高いスギの木の上から、リズミカルなカアカアという合いの手を入れた。

建築家が呼ばれ、儀式用の鎌を手渡された。彼はそれで砂の山の上に刺さった枝を切るまねをした。そのたびに「えい、えい、えい」という掛け声をかけながら。その後、私が呼ばれ。儀式用のクワを渡された。そのクワを砂の山に入れるまねを三回した。最後に、建設会社の社長がクワを渡され、砂の山を三度掘るまねをした。

このようにして神の許しを得ることで、地面をクワで掘っても、土地の精霊が怒って荒れることはなくなった。

道具の使い手であり、土地をかき乱す人間であるわれわれ三人は、榊を渡され、それを祭壇に置き、お辞儀をしてかしわでを打った。最後に立ち会った人全員が小さな杯に酒を満たし、乾杯をした。

私はキリスト教徒として育てられたけれど、キリスト教やイスラム教、その他どんな宗教も信じていないという意味で、私は宗教的な人間ではない。でも、この儀式には妙に感動した。儀式がはじまったとき、空は暗く、灰色の雲におおわれ、雨がぱらついていたが、途中から青い空が広がり、陽光が差してきた。

工事現場で働く人々がとくに迷信深いわけではないと私は思う。だが儀式が行われなければならないことは、まちがいなかった。工事は危険が伴うから、地鎮祭は必要なのだ。その日、この古代の儀式のおかげで、私はとても安心し、未来を信じる気持ちになった。そして日本に心から感謝した。

# 20章　美しい鳥居川が守られた

鳥居川が氾濫し濁流となった

友人たちからの助けを得ながら、旧友の池田武邦さんをはじめとする建築家のチームは新しいセンターのための材木をなんとかそろえてくれた。長野で伐採された材木だけではないが、すべてが日本産だ。池田さんは、九州のハウステンボスを作った有名な建築家だ。

建物の基礎は、雪で工事が中断される前に完成させることができた。冬の間に木材が切り出され、番号をつけられ、雪が溶けると同時に組み立てられるように用意された。建築には日本の伝統的な工法が使われた。大工さんたちはみな、昔ながらの伝統的な寺や神社の建設を手がけているベテランだった。

職人さんたちの仕事ぶりを見ると、元気が出た。柱や梁《はり》はきちんと、あるべき場所にはめ込まれ、巨大な木槌で釘が打ち込まれた。意味のない叫び声や罵声は聞かれなかった。今の建築に関する法律では、特定の場所で鉄のボルトを使わなければならないことになっている。でもそんなものは必要ない。巧みに作られた建具のほうが、金属よりはるかにいい、と建築家も建築業者も主張した。

法律には従わなければならないので、鉄のボルトは使われているけれど、私たちのセンターの高い屋根を見上げても、金属は見えない。ボルトはすべて、木のだぼでおおわれている。だから見た目がとても美しい。

建物の下半分は、お城の石垣のように岩と石で斜めにくみ上げた壁になっている。この部分を作ったのは、竹内建設という地元の建設会社だ。この会社の若い社長とのつきあいは、最初からうまくいったわけではなかった。でもあることがきっかけで、今では親友のような関係になった。

一九九五年の夏、長野県で激しい雨が数日間続いたことがあった。私の道場兼書斎の脇を流れている鳥居川の水が土手からあふれ、ひどい損害を与えた。橋も家も道も流された。川は私の道場兼書斎の建物から道をへだてたところを流れていたが、土手の立ち木のおかげで、流されてきた木や石はそこではばまれ、建物の一階に衝突するようなことはなかった。でもこの建物から自宅に向かう小道には水がものすごい勢いであふれ、材木が流れていた。

道場兼書斎も、自宅も一階部分はがんじょうな鉄筋コンクリート製だったので、損害はほとんどなかった。しかし道を五〇メートルほどくだったあたりで、鳥居川の土手が決壊した。

養魚場と道には水と泥、岩とがれきがあふれかえり、流れていた。洪水の音はとても恐ろしかった。轟音を立て、うなり、土手はゆれた。大きな石が流され、猛烈な勢いで川床に衝突している音が聞こえた。

警察からは避難するよう勧告された。そのとき、カナダからたずねてきていた旧友とともに、避難所になっている近くの小さな公民館に行ったが、たいへんな混雑で、旧友の一人はぐあいが悪くなるほどだった。そこで私たちは身の回りのものを持って、アファンの森まで遠回りしながら車を走らせた。入口からそれほど遠くないところに、私は客と研究者のために小さなコテージを建てていた。森のなかでは水の流れはまだ安全だ。

小屋には六人が宿泊できるロフトがついている。一晩中、屋根を叩く雨の音と、コテージの裏手を流れる細い川の音が聞こえた。この小川は鳥居川と合流し、最後は日本海に注ぎ込む。

豪雨にもかかわらず、アファンの森にはまったく被害はなかった。だが、鳥居川の様相はまったく変わった。水面はおびただしい量のがれきで埋まっていた。無数の玉石や岩、丸ごと一本の木、丸太、根っこのついた株などが川を下っていった。

災害のあとしまつがほぼ終わると、当局は川で防災工事をはじめた。工事はともかく、私たちを守ってくれた土手の立ち木を切り倒しはじめたので、私はぞっとすると同時にかんかんになった。さらに川に重機が入り、洪水でも動かなかった巨大な石を除去しはじめた。そういう石は川の一部なのだ。それを動かすのは無駄で、おろかなことだった。この地域の鳥居川に最も近い場所で暮らす人間として、私は工事の計画をみせてほしいと要求した。

あのときだまっていたら、私が今、大切にしている美しい川は、コンクリートに固められ、生命を失った醜いものになっていただろう。

いや、そんなことはさせない。今や私は日本の市民なのだから、誰も私をだまらせておくことなどできないのだ。

数年前、私は日本の将来に対する信頼を取り戻した。それは、ある男性に出会ったからだった。その人の名は福留脩文。高知県にある西日本科学技術研所の代表取締役だ。福留氏はトップクラスの建設の専門家であり、自分の人生を、損害を受けた川に生命を戻すことに捧げるナチュラリストだ。自然を殺すコンクリートの壁を取り除き、天然の岩や石を上手に組み合わせて、互いの圧力で結びつくような工法を使う。

洪水による被害を防止することは望ましいことだ。しかし洪水をふせぐことは、魚が川にすめなくなったり、カワセミが土手に巣を作れなくなったりすることではない。私は福留氏に、手助けを求めた。彼は四国からはるばるやってきてくれた。防災工事の中身を知ったとき、彼は悲しげに頭を振った。

「それはひどい」と、彼は言った。

私はそのころ、メディアにこの話を訴えた。前環境大臣をはじめ多くの人が私たちを助けるために立ち上がった。そして私の自宅で会議が行われた。

福留氏と地元の市町村、長野県、そして建設省の役人が集まった。テレビ局のクルーと新聞記者は、外で待っていた。私は本気で戦う覚悟ができていた。最初はみんな緊張していた。

ところが、福留氏がスケッチを見せながら自分のアイデアを説明しはじめると、何かが変わっていった。福留氏は役人のものの考え方をよく知っていて、役人に通じる言葉でしゃべることができた。役人は全員、からだを前に乗り出して、熱心に耳を傾けた。会議終了後、私たちはお茶とコーヒーを出したが、建設省幹部は、「私たちは、過去に間違いを冒した。今度は違うやり方でやろう」と言った。

会議の後、外に出たこの幹部は、マスコミの人々にも同じことを言った。私は仰天した。心から安心し、うれしかった。当局は計画を変えることに同意し、福留氏に鳥居川の新しい調査の監督を依頼した。

　川に重機を入れ、赤鬼（つまり私）に猛烈な勢いで非難された建設会社が、今度は福留さんの下で働くことになった。安定した状態にある石はそのままで残す。それ以外の石は、土手を補強したり、渦と逆流をつくるような位置に置きなおす。渦や逆流ができると、砂利と砂がたまり、魚の産卵場になる静かな水たまりができる。今度は、工事によって川がみにくく変わることはなかった。

　今、私は鳥居川を見るたびに、喜びを感じる。とくに暑い夏の日、私の書斎の窓のそばを流れる川で、川遊びをする子どもたちの笑い声や楽しそうな物音を聞くと、うれしくなる。もし私が川の美しさとそこに棲む生き物を守るために声を上げなかったら、川は遊ぶための場所ではなくなり、醜いコンクリートの壁の間を水が流れるだけの存在になっていただろう。

　竹内建設の人々は意欲的に福留氏の指示を受けるだけではなく、福留氏から教えを受けるために、高知まで足を運んだ。鳥居川の工事が完了したとき、福留氏と竹内建設は環境省から賞を受けた。私たちはみんな親しい友人となり、今ではさまざまな仕事をお願いしている。遊歩道に撒くために木材と枝を粉砕して木のチップにしたとき、森に機械をもちこんで作業をしてくれたのも竹内建設の人々だった。

だから、川と私たちのアファンセンターは、人々の善意と自然の力によって結ばれている。

# 21章　夢に見たセンター完成

完成したアファンセンター

センターの屋根が完成すると、別の儀式が行われた。今度は、建設途中の建物の中に神道の祭壇が組まれた。屋根を支える太い木の柱に、塩と日本酒が吹きつけられた。私は建築家や建築会社の人々といっしょに、祈りの言葉を唱え、小さい木槌で木をどんどんと叩きながら柱から柱へと歩いた。これは、神さまに注意をうながすためだ。

儀式のあとは、陽気な楽しい宴会になった。食べ物がたっぷり、ビールと日本酒もたくさんふるまわれた。私は大工さんたちとかわるがわる、歌を歌った。大工さんたちは、木を切り倒すときに歌う「木遣り」を歌った。ヒノキの名産地、木曽を訪れたときに聞いたことがある。

私は背中に漢字の「熊」という文字が描かれているはっぴをもらって、感激した。すっかり酔っぱらって、幸せな気分になったので、伝統的なイギリスの鯨捕りのための歌を歌った。ちょっと場違いに思えたけれど、この歌ができた時代、船という船はみな木で作られていた、と私は説明した。だから大工さんたちは、そうか、そういうことかと、手を叩いてくれた。

建物の窓が入る予定のところはまだぽっかりあいていて、宴会の最中に、そこからオスのキジがもったいぶって歩く姿がみえた。キジは工事に使った石の残りを積んだ山の上に飛び上がり、大声で鳴いた。キジは日本の国鳥だから、これは象徴的なできごとではないかと私は思った。キジの鳴き声は、この建物を認めたということではないか。キジは何度か叫び、気取った足取りで森の中に去った。

少々酒を飲みすぎた。そこで、森のなかの松木小屋まで散歩した。松木さんは酒を飲まないので、ずっと前に宴会の席から離れ、地元の警官と一緒に緑茶を飲んでいた。私は一緒にお茶を飲み、新しいセンターについて、クマについて語った。このごろ、山を降りて、里や畑をうろつくクマが増えていたのだ。私はまだ熊の文字が背中についたはっぴを着ていた。「罠にかからないように気をつけたほうがいいな」と、私は言った。警官は冗談とわかったかもしれないが、反応しなかった。

屋根ができると雨で工事が止まることがなくなり、作業員は以前よりも忙しくなった。センターの建物の完成にあわせるように、新しい家具が二ヶ所で作られていた。

岡村製作所は、オフィス家具の一流会社で、私たちの森から切り出したカラマツの木を使って家具を作っていた。スチールと組み合わせて、機能的で、見た目もすてきな机を作るのだ。

メインホールに置くクラシックな家具は、オークヴィレッジで製作されていた。同社の代表は、私の良き友人の稲本正さんだ。稲本さんは私より五歳年下で、作家であり、ナチュラリストであり、森の文化と生態に関する世界的な専門家だ。

稲本さんは一九七四年に、岐阜県の飛騨高山にある清見町に移り住んだ。熟練した大工と、その下で修行する見習いを雇ってオークヴィレッジという組織を作った。この組織は木材を使った製品作りだけではなく、健全な森や林を促進する活動を行っている。オークヴィレッジの職人は美しい家具や木のおもちゃ、楽器、コップ、皿などあらゆる種類のものを作っている。

真の意味で健全な生物多様性をそなえた森は、人の暮らしに必要なものを生産することができることを、私は証明してみせたかった。だからアファンの森で採れた木材を使って、オークヴィレッジに、クラシックなデザインのテーブルと椅子を作ってもらった。

オークヴィレッジの家具は、安くはない。一〇〇年間の保証があることを考えなければ、の話だが。椅子のデザインは、古典的なイギリスのウィンザー式にした。テーブルはシンプルで頑丈、そして重すぎず、二人で移動できるようなものがいい。

私たちに必要なのは、夕食会なら三〇人は着席できて、セミナーでは少なくとも四〇人が着席できるだけの椅子とテーブルだ。切り出した木材は、コナラ、ミズナラ、オニグルミ、クマノミズキ、カエデ、クルミだった。

というわけで、材料は自前でまかなえたが、この絶妙な職人芸に支払う金はどうしたものか。そこで、私たちはちょっとしたアイデアを思いついた。財団のメンバーに、ホールのテーブルや椅子を寄付してもらうのだ。お礼に寄付した人の名前と感謝のメッセージを刻んだ小さな真鍮のプレートを、椅子の背やテーブルの表面の角に取りつける。

このアイデアはおおうけで、すぐに寄付が集まった。

ホールの家具は、光沢のある暗赤色の漆塗りだ。昔の漆塗りの職人だったら、この森の木材に漆を施すことに難色を示しただろう。高価な漆を品質の劣る木材に使うのはいかがなものか、というわけだ。

ヨーロッパでは、オーク、サクラ、クルミは最高の木材とみなされているが、日本では必ずしもそうではない。だが、職人たちは仕事の結果に納得していた。今回、使用した木材は、漆の下から透けて見える木目がとても美しく、まさに最高級の品質を備えているように見えたからだ。

　建物や家具だけでなく、内装や食器類、暖房システム、巨大な冷蔵庫など、さまざまな設備をそなえることができたのは、資金を寄付してくれた友人たちのおかげだ。どれだけ感謝しても足りない。日本に住み、また海外でも日本人と知り合った経験から、私は日本人は世界で最もやさしく、最も寛大な人々だと思う。

　健康や福祉、文化、教育、環境団体に寄付した分は、税金の計算からはぶいて、税金が安くなるように法律が変われば、こうした団体の活動が活発になり、もっとたくさんの人を雇うこともできるだろう。役人のなかには自分がよく知らないことについても、なんでも支配したがる人がいる。こういう役人は、くいこんだ足の爪のようなもので、取りのぞくのがむずかしくて、周囲に痛みをあたえる。

　センターの話に戻ろう。

　二〇一〇年十一月には、公式オープニングパーティーを三回も行った。一回目は、スポンサー企業のためのランチビュッフェだった。

　北海道の利尻島から取り寄せた春の昆布で大きなノルウェーサーモンを蒸し、エルボスコ野尻湖ホテル・エルボスコのシェフが鶏肉、牛肉と羊肉を野菜、きのこを新しいキッチンの炭火グリルで調理した。ビール、ワイン、日本酒、ウィスキーもたっぷりあった。

次の日は、財団の役員や建築家、特別なスポンサーのための夕食会だった。このディナーのメイン料理は、シカのおしりの肉のローストに西洋ワサビ醤油や濃いグレービーソースを添えたもの。サラダ、ポテト、野菜、焼きたてのパンがつけあわせだ。

その週の日曜日は、家具のためのお金を寄付してくれた親切な人々のための別のオープニングパーティー、アフタヌーンハイティーを開催した。前日にローストしたシカ肉の残りをスライスしてサンドイッチを作ったが、ほかの料理は黒姫高原で有名なペンション竜の子の友人が作ってくれた。

ペンションのオーナーだった中原英治は私の親友で、私のことをずっと支援してくれていたが、彼は二〇〇六年に亡くなった。彼がここにいてくれたらどんなによかっただろう。

お披露目が終わると、次は引っ越しだ。鳥居川を見下ろす道場兼書斎から荷物を運び出し、軽トラックで五分ほどの距離にあるセンターに運んだ。

センターは広々とした立派な建物で、そこで仕事をするのは快適なのだが、平日の昼食時はちょっとさびしくなった。前の家では、財団の事務を仕切っているスタッフと一緒に昼食をとる慣習になっていたからだ。新しい事務センターの場所は離れているので、昼食はひとりぼっちだ。

新しいセンターの特徴のひとつは、ハイテクの「森の窓」が備えられていることだ。インテージという市場調査会社の後援で、センターから一二〇メートルの距離にある弥生池を見下ろす鉄塔上に、リモートコントロールできるハイテクカメラが設置された。

カメラは一八〇度左右に平行移動できる。木立の向こうにみえる黒姫山の山頂を眺めるために上に向けたり、池の端を見るために下に向けたりすることができる。二〇倍の大きさまでズームできるので、カメラから二〇メートル離れた巣箱の入り口に焦点を合わせることもできる。映像は画面いっぱいに拡大されて、送られてくる。ヤゴが水から離れ、脱皮し、その翼を広げるところや、枝に止まった緑色の小さなアマガエル、木の幹で鳴くセミ、池のカモなどに焦点を当てることもできる。

どれも解像度が高く、色あざやかな見事な映像だ。カメラのコントロール装置は、フロントオフィスにあるので、人間の存在に邪魔されずに、森の風景を見ることができる。雪が溶けるとすぐに、花や果樹、低木を塔の周囲に植えて、存在を隠し、野生動物がまわりにやってくるようにするつもりだ。

こうしたライブ映像は、秋葉原にある株式会社インテージの本社のロビーに設置された一〇〇インチのスクリーンに転送される。これはつまり、にぎやかな都会の中心に、アファンの森の美しい景色をリアルタイムでのぞき見ることができる大きな窓ができたということだ。

このシステムを一年ほど実験した後で、この「窓を」ほかの人々とも共有したいと考えている。特にサウスウェールズ州の姉妹森と、こうしたハイテク「窓」を交換してみたい。

私の夢は、リアルタイムで、あらゆる種類の森林の音と映像をライブで交換し、子供や学生、森林の野生生物と文化に興味を持つ人々の間で、交流プログラムを実施できるようになることだ。

# 22章　小野田大尉と狩野誠先生

狩野誠さんと

一九八〇年、黒姫に住みはじめた私は、狩野誠先生に会った。狩野先生は、本物の日本の紳士で、私が習った空手の流派の黒帯でもあった。

物腰は昔の侍のようで、これほど礼儀正しく、他の人に対して敬意を表す人は見たことがない。太平洋戦争の最後の年、若き日の狩野先生は、東京の中野にあった帝国陸軍の名門校で、特別な訓練を受けた。それはスパイ活動、対スパイ活動、サバイバルとゲリラ戦のための訓練だった。しかし、戦争は終わった。日本陸軍は公式に降伏した。ところがそのとき狩野先生は秘密の命令を受けていた。

中野学校の卒業生は、直属の上官からの命令しか認めないことで知られていた。光栄なことに、私は狩野先生の中野学校の先輩と何度かお会いすることができた。元帝国陸軍の小野田寛郎大尉だ。

小野田大尉は戦争の最後のころに、ゲリラ戦を率いる命令をうけて、フィリピン諸島のルバングに派遣された。絶対に、自殺や降伏をしてはならない。それが小野田大尉が受けた命令だった。小野田大尉がジャングルから出てきたのは、一九七四年の三月九日。それまで29年もの間、戦いをやめなかった小野田大尉を説得するために、元上官の谷口少佐がみずからルバング島に行った。小野田大尉は結局、最後まで降伏しなかったのだ。

私は狩野先生に紹介されて、小野田さんと知り合った。黒姫のホールで私たち三人が公開の討論会をしたことがある。小野田さんは会の間、およそ三〇〇人のお客さんに、日本の子供たちの教育についての心配、とくに子供たちが森や小川で遊ばなくなったことについて話した。

「日本人は自然音痴になりました」と、彼は語った。だから、この状況を正しく変えるために、学校を建てるつもりだという。

「それは、素晴らしいアイデアですね！」と、私は熱意をこめて賛成した。「小野田さんほど森で遊ぶ方法を、子供たちに上手に教えることができる人はいませんよ」

狩野先生と小野田さんは私を見て、ちょっと不思議そうな顔をした。

「だって」と、私は続けた。「間違いなく、かくれんぼでは世界一なのですから」

観衆は少しショックを受けて、会場は数秒間、静まり返った。小野田大尉は人生と信条をかけて戦っていたのであり、それは子供の遊びとはわけがちがう。もちろん私はそのことを知っていたし、小野田さんを深く尊敬していた。でも少し緊張をほぐし、彼の言葉をさらに強いものにしたかった。

数秒の間、私は不安になった。小野田さんを侮辱してしまったのかもしれない。そんなつもりはまったくなかったのに。すると、小野田さんが大声で笑いはじめた。すぐに、会場にいた人みんなが笑いだした。

その後、彼は私の家にお茶を飲みにきた。それはまた別の話になる。

第二次大戦の終わりごろ、ロシア人は、本州を二つに分けて、東北と北海道を支配するために、日本海海岸の新潟から侵入部隊を上陸させるつもりだったという。若き日の狩野先生が終戦後に受けた秘密命令とは、黒姫高原を見渡す山岳地帯に家を建て、周囲の深い森からロシアに抵抗するゲリラ戦を指揮することだった。

結局、ロシア人の侵略はなかった。情熱的なサムライである狩野先生は、山中に隠れ住むようなシンプルな生活が、自分にあっていることを悟った。それは、多くの日本人兵士が、日本の降伏で感じた痛みと恥の意識をいやすためだったかもしれない。

終戦後、満州にいた日本人は引揚げ者として、日本に帰ってきた。政府はこの人々に荒れた林地を与えた。転がっている大きな石や木をきれいに整理して、森を農地に作りかえなければならなかった。それは厳しい時代だった。引揚げ者がもらった土地は、本当は農業に適していなかった。もし適していたら、ずっと前から農地や牧草地、田んぼになっていただろう。その土地の一部は森に戻り、一部はアファンの森になっている。

満州から引き上げて来た人々は、偏見にさらされていた。昔から住んでいた人々からは、歓迎されなかった。最初のころ、地元の小学校は、引揚げ者の子どもたちを受け入れなかった。日本国民として教育の権利はあったはずなのに。

狩野先生は、こうした子供たちを気の毒に思った。子どもたちが自分に対する誇りを取り戻すことができるように、簡素な山小屋に子どもたちを招待して、読み、書き、日本史、武道を教えた。

何日もの間、子供たちは何も食べずにやってきた。先生は山で採った野草でお茶を淹れ、子供たちを暖め、元気を与えた。最初にお茶を味わったとき、子供たちは「これはうまい茶ね！」と叫んだ。

先生が結婚して、黒姫に落ちつくことに決めたとき、「えんめい茶」と名づけた野草茶を作るため、小さな工場を建てた。えんめい茶の「えんめい」とは、長生きを意味している。

八〇代で亡くなるまで、狩野先生は武道を教え続けた。空手家のなかでも彼は真の戦士であり、必殺の技をたくさん知っていた。

私がアファンの森財団を設立したとき、狩野先生は役員の一人になってくれた。アファンの森を歩いたとき、先生はあちこちに薬草が生えているのを見て、アファンは薬草の宝庫だとおっしゃっていた。最近、えんめい茶を作っている「黒姫和漢薬研究所」と共に研究をしている薬草の専門家は、アファンの森で一九六種の薬用植物を特定した。

狩野先生が亡くなると、ご子息の土（はかる）さんが会社を継ぎ、財団の役員の地位も引き継いだ。私たちは親友になった。彼は香りのいいクロモジの（伝統的な爪楊枝の材料になる植物）の葉を混ぜた特別な「アファン茶」を作った。

えんめい茶には五つの基本的な成分がある。熊笹の若葉、どくだみ、ハブ茶、はと麦、クコだ。会社が製造しているさまざまな種類のお茶は、36種類の植物が使われている。

私はこの山野草のお茶が大好きで、自宅では毎日飲んでいる。熱々で飲んでもおいしいけれど、ふだんは大きなピッチャーに作って冷やして飲む。冬でも毎日えんめい茶を五杯は飲み、夏はその二倍は飲む。

カフェインはほとんど含まれていないので、夜遅く飲んでも大丈夫。ちょっとばかりアルコールに対する愛情が強すぎるとしかられる私だが、肝臓の状態がとてもいいのは、このお茶のおかげだと思う。

# 23章　両陛下にお会いできた喜び

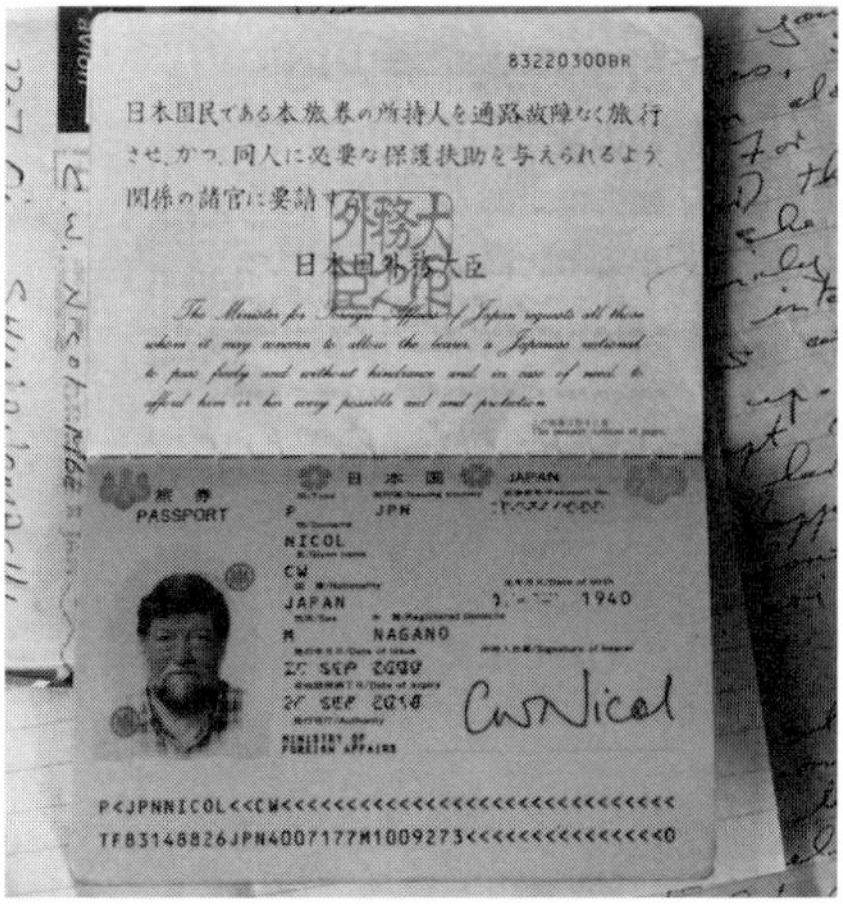


日本人ニコルのパスポート

そのニュースを電話で伝えてくれたのは、私のマネージャーである森田いづみさんだった。彼女は私と同じくらい驚き、興奮していた。私たちはいっしょに働いてもう26年になる。ドキュメンタリー映画を撮るために世界中をまわり、まさしく最初からアファンの夢を共有していた。私も森田さんも、これほどおそれおおい気持ちになったことはない。天皇皇后両陛下が、皇居で個人的にお話をしたいと、宮内庁から電話があったというのだ。本当に突然の話だった。

私は東京に行き、いつも宿泊する赤坂のホテルに泊まった。チェックインするとすぐに、スーツをドライクリーニングとプレスに出し、ロッカーの中にシャツをかけた。人生でこれほど興奮したことはないほどだったけれど、心を落ちつかせるためにテレビを見たり、本を読んだりした。この数日、酒は飲まなかった。

森田さんと私はタクシーで指定された皇居の門の前まで行き、警官に私の名前を伝えた。

「お待ちください。数分で、車がお迎えにまいります」

私たちを乗せた宮内庁の職員が運転する車は門をくぐり、曲がりくねった並木道を走った。それは江戸時代から変わらない世界に入るようだった。樹木は古く、そのあたりだけが時を忘れたかのようだった。

皇居の建物の玄関では、たくさんの職員が私たちを待っていた。その一人は、以前環境庁に務めていたときに知っていた人だった。その人に小さな部屋に案内され、このあとの手順について説明を受けた。

午後4時ちょうどに私は呼ばれ、応接室に通される。両陛下はそこで待っておられる。私はお辞儀をして、あいさつをする。それから、私はソファに腰かけ、コーヒーテーブルごしに両陛下とお話する。写真を撮ってはいけない。時間は一時間。侍従が軽食をもってくる以外は、邪魔は入らない。私はとても緊張した。私の日本語は無礼にきこえないだろうか。まちがったことを言ってしまったらどうしよう。お茶か何かをこぼしてしまったら、どうしよう。

4時になり、私は呼ばれた。部屋に入ると、私の前に、ほほえみを浮かべた天皇と皇后陛下が立っておられた！　私はお辞儀をして、お会いできたことはたいへんな名誉ですと言い、自分は山から降りたばかりの年寄りグマなので、簡単な日本語しか話せないことをお許しください、と続けた。両陛下はお笑いになった。

着席するとすぐに、侍従がカップに入った温かいスープを運んできた。

「お住まいの長野は雪が多いのでしょうね」と、皇后陛下はおっしゃった。「これでからだをあたためてください」

アファンの森のスタッフは、森の樹木や動物、鳥、昆虫そして私たちの活動についての写真を本にまとめていた。天皇陛下はパソコンより、本でご紹介するほうが、喜ばれると聞いていたので、私はこの本をお見せした。両陛下はたくさんの質問をされた。心から興味をもってくださっていることがわかった。

私は両陛下と野生生物や森林、樹木、日本とウェールズについて話した。両陛下がおすわりになっているソファのうしろに、森を見渡せる大きな窓があった。多くの古い巨大な常緑樹が茂っていたが、そのなかにかなり若いシラカバが何本か見えた。皇后陛下が皇室に入られたとき、シラカバが皇后陛下個人のシンボルとして割り当てられ、植樹されたのだという。

「それはすばらしい。しかも、ふさわしいことです！」と、私は言った。「シラカバは、ウェールズでは『看護婦の木』とよばれています。土に栄養分をもたらし、葉を茂らせたときでも、おだやかな陽光を通して、ほかの木、たとえば、オークやブナの木を育てるからです。皇后陛下はフローレンス・ナイチンゲール協会の後援者であられますね。これほど陛下にふさわしい木はありません」

フローレンス・ナイチンゲールが看護婦の代名詞になるような活躍をしたのは、イギリスとロシアの間で起きたクリミア戦争のときだった。このことにからめて、私は自分の二代前のおばにあたる女性の話をした。この女性はクリミア戦争でナイチンゲールと同時期に従軍看護婦として働き、負傷者の世話をしているときにロシア兵の銃弾に倒れた。

「これは、私にとって大きな意味があります」と、私は言った。「私は森の、とくに、生物の多様性に満ちた健全な森のいやしの力を心から信じているからです」

訪問の間、軽食は三度運ばれた。最初はスープ、次はイギリス式の紅茶、そして最後に日本茶と和菓子が出た。

貴重な、忘れられない時間が終わると、天皇陛下は皇居の敷地内にある植物学と動物学に関する科学的な作品のコレクションを見せてくださった。天皇陛下はタヌキの習性に関してご研究されており、ご自身で論文も書かれている。

応接室を出ると、天皇皇后両陛下は長い廊下をいっしょに歩き、玄関で立ち止まって、別れの挨拶として手を振られた。マネージャーの森田さんは、玄関の外で私を待っていた。皇后陛下は森田さんが車の中にいるのを見て、車の窓ごしにお話になった。

「今までずっとお待ちになっていたのですか？　それはお気の毒でした」

皇居の敷地を車で通りすぎながら、私は胸が一杯で何も話せなかった。私はこれほど親切で、おだやかで、上品で魅力的な人には会ったことがないと思った。私は、とても歓迎されていると感じた。私の人生と仕事、そして森をよみがえらせる話に、両陛下は純粋に関心をもってくださった。

一九九五年に日本の国籍を取得したとき、私はそれを誇りに思った。でもこの訪問のときは、誇りに思うとともに、謙虚な気持ちになった。これほどの名誉はなかった。この経験で、私たちがめざしていることはいいことであり、これからも勉強し、努力しつづけなくてはならないというゆるぎない確信をもった。

この私的な会見をマスコミに発表してはいけないことは、暗黙の了解になっていた。この本にもこのことを書くべきではなかったかもしれない。

でもこのできごとはアファンの夢にとってとても重要なことだったので、私はこの幸福と名誉を、読者のみなさんと分かちあうべきだと思った。

結局のところ、これはアファンの物語であり、一度しか伝えることができないことだ。両陛下もお許しくださると思う。お二人の親切と励ましは、私にとってとても大きな意味がある。

このウェールズ系日本人は、常に両陛下の僕《しもべ》であり、日本の森林に健康をとり戻す努力に、残りの人生を捧げることを約束する。

# 24章　大震災と「森の学校」

二〇一一年三月十一日の午後、私は九州にいた。東北地震と津波の最初のニュースがテレビで報じられたとき、私は大分県湯布院の温泉旅館でくつろいでいた。はるか南の土地にいた私たちは、まったく揺れを感じなかった。ニュースで災害の規模が明らかになるにつれ、私たちは部屋のテレビにくぎづけになった。

大分で予定されていた私の講演は中止になった。マグニチュード九・〇の地震なんて、想像もつかなかった。高さ一〇メートルの津波の破壊力はまさに想定外だった。そして、福島第一原子力発電所の原子炉建屋が爆発し、福島の恐怖がはじまるのを、この目で見ることになった。九州は災害の現場とは遠く離れていたけれど、これから先の私たちの生活が、永遠に変わってしまったことは、わかった。

私はこれまで、原子力発電については常に疑問に思っていた。生命にかかわるほどの危険な廃棄物を生産しつづけるという考えは、とても利己的で無責任に思える。

長野県も一部では激しい揺れにみまわれたようだが、黒姫では揺れはそれほどでもなく、まったく被害はなかった。しかし何日もつづけて破壊された被災地の映像をテレビで見つづけた私は、被災した方々のことが本当に心配だった。

私は東北にたくさんの知り合いがいるが、とくに気になったのは気仙沼でカキとホタテガイを養殖している畠山重篤さんのことだ。彼は「森は海の恋人」というフレーズをつくった人物だ。畠山さんは、気仙沼湾に流れ込む川の流域の森を健康なものにするために植樹をすすめる運動をはじめた。おかげで周辺の近海の水質と甲殻類の味は大幅に改善され、水揚げ高も増えた。

津波が来たとき、畠山さんのご子息の信さんは（私が設立を手伝ったレンジャー学校の卒業生）、船を海に出して安全を確保しようとした。だが時すでに遅く、船は巨大な津波にさらわれた。信さんは島に泳ぎ着き、ヘリコプターで救助された。

畠山さんの事務所や船、養殖イカダ等の施設など仕事に関連したすべてが流された。自宅は残ったけれど、電気も水道も使えなかった。

しかし畠山さんは固く信じている。人々が家を取り戻し、生活が正常に戻りはじめたら、健全な森と健全な川を作る仕事を続けることが再生への大きな一歩になる、と。

まったくそのとおりだと私は思う。

生命体としての日本を、自分の体と同じようなものだと考えてみよう。傷はどんなに小さくても、治らなければからだ全体に影響を与えるし、ひどく危険な状態になることもある。傷を治すときには、傷のまわりの健康な細胞をとくに大事にするべきだ。傷つき、弱った部分は、強くて健康な細胞によっていやされるからだ。健康な森、健康な川、健康な海岸、健康な人々!

今、日本の学校では学級崩壊が起きている。集中できない、落ち着かない子供が多く、授業が成り立たない学校も多くある。同じ現象がヨーロッパでも起きている。すぐにキレたり、ケンカを始める。しばらく前までは、原因として環境ホルモンによる脳への影響が挙げられていたが、最近では「自然欠乏症候群(NDS)」ではないかといわれている。小さい頃に、テレビやゲームに長時間接し、自然との交わりがほとんどない子供は、一定の発達段階を経て成長する脳の成長が阻害される状態を、NDSと呼ぶようになった。

森を歩いていると、足元にアリが歩いていたり、少し先に鳥が飛んでいたりする。脳を刺激するものがたくさんある。しかし、都会のコーヒーショップにいると、すぐ横にいるお客さんの存在すら意識にない場合がある。ある調査によると、子供の9割が畑にも田んぼにもいったことがないという。「危険だから」という理由で焚き火を禁止するボーイスカウトもあるというから、驚くほかはない。こんなことでは、子供の脳や五感は全く刺激されないのだ。

大震災で被災された東松島市の方々を、その年、私たちの森に招待した。家を流され、毎日瓦礫を見ながら生活されている方々にとって、森が安らぎになると思ったからだ。子供たちは、木のぼりをしたり、木からつるされたブランコに乗ったり、森を存分に楽しんで帰って行った。

その縁で東松島市から「森の学校」づくりを依頼された。津波被害にあった学校を高台に移すことになったが、その高台の周辺は暗い森だという。明るい森と学校をつくるという意義深い仕事を、私は日本の未来を担う子供たちのために、喜んで引きうけた。

この学校は、公立では初めての「森の学校」になる。森全体が学校になっていて、森の中にいくつもの小さな校舎が点在する。こんな学校だったら、悪質ないじめも起きないだろう。

校舎は木造だ。「火事に弱いのではないか」という意見もあったが、実は逆である。アメリカ政府の実験では、鉄に熱を加えたら30分で形がかわり、90パーセントの力を失ったのに対し、木の梁《はり》は形を変えず、20パーセントの力しか失われなかった。地震の多いカリフォルニア州でも最近、学校をどんどん木造化しているという。

私はいま仕事時間の半分を「森の学校」に費やしている。それは、私が東松島の子供たちに、子供時代の自分自身を見る思いがするからだ。私が子供の時は、まだ戦争が続いていた。夜中にサイレンが鳴ると、母は私をつかまえて塹壕《ざんごう》の中に逃げた。大砲の音が聞こえた。朝になり、塹壕から出ると、道にはたくさんの穴ができ、隣の家もその向こうの家もなくなっている。その光景を見たときの恐怖が、私の中には残っている。

東松島の子供たちも、海の恐ろしさを目の当たりにし、家族や友達を失った。両親を亡くした子供もいる。でも子どもたちはそのつらい心のうちを見せず、むしろ、恐怖を乗り越えた人間のもつ独特の優しさを感じさせた。とても可愛いのである。私が日本に初めて来た頃の日本人の顔そのものなのだ。

「森の学校」づくりの依頼を受けたとき、私はこのために日本に来たのではないかとさえ思った。今七十二歳の私のこれまでの活動は、東松島の「森の学校」づくりのための準備活動だったのではないかとさえ思った。

# 25章　生れ出てきた森の恵み

アファンの間伐材で作った炭

日本の森林はほとんどお金にならない。だから、手間にみあうだけの価値がない。私はたくさんの人からそう言われた。でも、アファンの森で26年にわたって経験したことから、そうした悲観的な見方にはまったく同意できない。

森に労力をつぎこむことは投資だ。どんな投資もそうであるように、最初の数年間にたくさんの見返りを期待するべきではない。

思い出してほしい。日本の大多数の森の所有者とは異なり、私は土地を相続したわけではない。執筆や講演、テレビ出演、ウィスキーやハムなどのテレビCMへの出演などから稼いだお金で土地を買ったのだ。

しかも、土地を買ったときはいつでも、所有者に正当な代価を支払った。そしてアファンの森を財団法人にするために、この土地を、私だけでなく松木さんやそのほかの人々による16年間の努力と結果とともに寄付し、さらに大金を支払った。後悔しているかって？　とんでもない！　私は何かを失ったのか？　とんでもない！

放置されて、不健康な、ひょろ長い樹木ばかりになってしまった森の再生にとりくむことで、陽光を完全にさえぎって下草すら生えなくなってしまった針葉樹の木立ちを刈り込むことで、何を得たのだろうか。

私たちは、薪ストーブを使っていた。薪で暖めるサウナもあった。森の間伐を行なうと、薪が手に入り、薪ストーブや暖炉を使う快適な生活を楽しむことができた。冬の間中、不足することのない薪の山があるというだけで、とても安心感があるものだ。しかも薪割りは、とてもいい運動になる。

松木さんが古い石造りの炭焼き釜を作りなおすと、質のいい炭が手に入るようになった。今の日本では、炭は昔ほど一般的に使われていない。でも肉や魚などを料理するために炭を使うことはある。炭火焼の焼き鳥やマス、キノコはとてもおいしい。

アファンの森への投資は利益をあげはじめた。炭や薪を売ることもできたが、お金という形ではなく、友人が増え、人の輪が広がる喜びという利益が生まれはじめたのだ。さらに、友情が深まることこそ、もっとも価値のある投資の見返りだ。

森の手入れが進むにつれ、私たちは間伐材から作ったほだ木でシイタケとナメコを育てることにした。すると、松木さんと私では使いきれないほど収穫できたので、友人に分けた。売ることもできたけれど、分ける方が楽しいし、価値がある。

森での経験、松木さんとの交流、そこから得た莫大な量の知識のおかげで、私はほかの外国人では書けないようなことが書ける。雑誌記事と本の執筆は、収入をもたらした。キノコを栽培する唯一の問題点は、最初のころは八割がた盗まれてしまうということだった。でも盗みはもう、問題ではない。今、私たちはキノコをスタッフや訪問客に分けているからだ。

森の手入れが進んで、枝ごしに日光が地面まで差し込むようになると、より多くの植物が成長しはじめた。花は私たちに喜びを与え、さまざまな種類の食べられる植物や山菜の数が増えた。最初は、森に生えている食用の山野草は7種類だった。今では百三十七種を数えるようになった。

現在、野生の山菜はスーパーマーケットや道の駅などでかなりの値段で売られている。野生のキノコも貴重品だ。森の生物の種類が増えるにつれて、野生のキノコの種類と量が増えた。

数年前、アファンの森の薬用植物を調査してもらったが、その数は百九十六種にのぼった。森の多様性が高まるにつれ、森の潜在力と可能性も高まる。今年、私たちは、アファンの森でとれる薬草を使った特別なお茶（黒姫和漢薬研究所が私たちのために調合してくれた）の製造をはじめた。

森が生き返るにつれて、私たちの喜びは高まっていく。おいしい食べ物を食べる楽しみが増え、暮らしは快適に、心地よいものになり、友人や隣人との関係も深く、楽しいものになる。からだだけでなく、心もすこやかになる。いろいろな種類の生き物が暮らす活気にあふれた森は、いやしの効果をもつことが科学的に証明されている。森でとれたものを食べたり飲んだりすることからだけでなく、ただ森のなかに入り、呼吸し、感じるだけでいいのだ！

森には、研究と教育の場としてさまざまな可能性がある。森を理解することで、生物学だけではなく、生態学、言語を学び、さらに歴史や地域の文化、物理学、数学さえ学ぶことができる。

たとえば、太平洋戦争が終わったとき、森はどのような状態だったか。百年前、日本の人口が増大し、米を作るためにより多くの土地と水が必要になったときには、森はどうだったのか。今は弥生池になっている古い川床に壷を落としたのはどんな人だったのか。ナウマン象や巨大な枝角をもつヘラジカがあたりを歩き回っていた時代、そして古代の人類が動物や魚を捕り、木や草の実を集めて生きていた時代の森はどうだったのか。

飯綱山や黒姫山、妙高山、野尻湖の対岸にある斑尾山の噴火は、当時生きていた人や生き物にとってすさまじく、おそろしいものだったにちがいない。森は燃えたのか、それとも灰が降り積もったのか。

アファンの森は幼稚園から大学生まで、さらに上の学位をめざす研究者や学術論文のための新しい材料を探す学者をふくめた教育に役立っている。さらにウェールズの森と姉妹森としてのきずなを育み、日本の国際的な地位の向上に貢献している。そうでなければエリザベス女王から大英勲章（MBE勲章）をいただけるわけがない。

アファンの森では手入れをはじめて23年目にして、ようやく高級家具を作るための質のいい木材を収穫することができるようになった。ナラ、ヤマザクラ、クルミ、クリ、ミズキ、ブナの木、ニレ、ツバキといった木は、どれも日本では「雑木」とか「役に立たない」という間違ったレッテルを貼られた樹木だ。しかし、きちんと手入れをして育てれば、価値のある木材になる。本来、日本は家具や床材に使う国際的にみても上質な木材を産出できるはずなのだ。

森が生み出すすばらしい製品がもうひとつある。それは香りのいいアロマオイルだ。最近、日本でも香りを楽しむオイルに人気が出て、利用される機会が増えた。だがそのほとんどは輸入品だ。しかし日本には、世界で最高のアロマオイルを作ることができるユニークな木と潅木がある。

イギリスのチャールズ皇太子の別荘に招かれたとき、私は日本製のオイルを贈物としてさしあげた。カミラ夫人には、サンショウ、ミズメザクラ、クロモジ、ニオイコブシ、ヒノキなどの植物から蒸留されたオイルをお送りした。皇太子夫妻からは、感謝の手紙をいただいた。店で売っている高価な品物よりも、そういう贈り物のほうがはるかに歓迎されると、私は確信していた。私は日本の皇后陛下にも、森でとれたアロマオイルを献上した。

アファンの森はそれほど大きくはないので、お客さんの数を制限しなければならない。それでも一年に千人以上の人がやってくる。このように、私たちなりのやり方で、私たちの森は地元の町の観光産業に貢献している。魅力的な森と澄んだ川がもっと増えれば、エコツーリズムはもっとさかんになるはずだ。

日本政府は、公式に生物の多様性を保護することを政策としている。アファンの森財団は、生物多様性を維持し、推進し、記録する運動に積極的に参加している。二酸化炭素の排出量を減らすことも日本の政策だ。アファンの森と製品（たとえば家具）は、大気中の炭素を吸収する。

また、樹木の葉の一枚一枚が、少しずつ大気を冷やし、酸素を作り出す役目を果たしている。だからアファンの森は積極的に気候変動の防止という日本の目標に貢献しているのだ。そして私たちの森を流れる水路の澄みきった水を見てほしい。飲料水はこのところ、世界的に関心を集めている問題だ。

だから、健康的な森を作るための金と時間、努力の投資には、価値があったといえるのではないか。たとえば、広大な土地を必要とするゴルフ場などに使われている土地と同じくらいの面積が、豊かな森であったとしたら、どうだろうか。想像してほしい。

私は今後もお金を貯め、寄付をいただいて、もっとたくさんの土地を買うつもりだし、そうなればたくさんの人を雇う必要があるだろう。面積の80％以上が樹木でおおわれ、人口が減り続けている信濃町の地域のなかにこのような森が10カ所あれば、どれほど違いが生み出せるだろう。

この土地に暮らし、地元の店で買い物をし、地元の学校に子どもを通わせる人が増える。訪問客も増え、もっとたくさんの食物や宿泊施設、サービスが必要になる。健全な森林を育てる利点をあげろといわれれば、いくらでもあげることができる。でも誰かがそれを信じ、誰かがはじめなくてはならない。だから私たちはそうしたのだ。

# 26章　「国際森林年」の舞台となる

アファン・弥生池のそばで咲くリュウキンカ

あの運命の三月十一日から私たちの人生は変わった。日本にいるすべての人はいかにして自然を癒し、この先はどのような生活を望み、将来の世代に伝えたいかを考えなくてはならなくなった。

二〇一一年は、国連が定めた国際森林年にあたっていた。二〇〇八年七月以来、大学や産業界、森林の専門家、オピニオン・リーダーなどからなる委員会が設置され、森と自然エネルギーで維持する国の再生について検討してきた。委員会が最初に文書化した提案は、二〇〇九年九月に内閣に提出された。いかにして石油への依存を減らし、森林と自然エネルギーによって立つ国になるかに関するアイデアをまとめたものだった。

東日本大震災が引き起こした大災害と、将来への不安から、森林や川、そして日本人の生命力と文化は、国を癒すには欠かせないということを思い知らされた。

森のことを考え、研究し、森の保護を訴えながら日本で30年暮らした元外国人として私は、森林年の全国委員のメンバーに任命された。黒姫は第三回国際森林年国内委員会の舞台となり、長野県知事をはじめ林野庁の幹部、産業界や経済界の専門家が黒姫に集まった。アファンの森がこの重要な会議の開催地となったのだ。

開催当日、ゲストはバスで到着し、松木さんの小さな小屋と炭窯の横にある森の入口で出迎えを受けた。ここは私が最初に買った土地の入口だ。その後、一同は手入れの行き届いた木のチップの道を伝って、生命力に満ちた緑の森を横切った。人が多かったので鳥のさえずりは聞こえなかったが、カエルとセミの歌声は響いていた。

委員たちはアファンセンターのメインホールにある正方形のテーブルを囲んで座った。四角いテーブルの中央に、森の花々と緑の枝が飾られた。テレビ局と新聞社の記者たちが壁の周りに集まった。

参加者のスピーチはその大半がすばらしいものだった。インスピレーションを与えてくれるスピーチもあった。ほぼすべてが、日本が変わる必要があることを強調し、国土の67％が森でおおわれているのに森林地帯の大半が放置されていることを指摘し、この状況を変えなくてはならないという結論だった。

これはまさに私がずっと訴えてきたことだ。さらに、健康で多様化された森では、クマは里に降りる必要がないので、田畑を襲うこともない。

会議終了後、私たちはゲストを再び森に案内し、サウンドシェルターのそばの一帯に招いた。倒れた太いスギの木で作った板のテーブルを用意し、トマトやきゅうりを氷で冷やし、地元の味噌のディップを添えた。ゆでたてのトウモロコシや、えんめい茶のアイスティーも用意した。森の中を散策したいゲストはガイドが案内し、どんな質問にも答えた。

「幽霊森」と呼ばれていた荒れた森は、今や生命に満ちあふれているし、今後もさらに輝きを増すだろう。仕事と夢を通して、私たちは植物やキノコ、昆虫、クモ、鳥、動物、そして子供たちを森に戻した。森は教育と癒しの場になった。日本の森の将来に関する話し合いのためのセンターになった。

この三十年にわたるすべての仕事、すべての心配、トラブルと期待はずれは、それだけの価値があった。

今、私たちは新たな始まりのときを迎えている。私たちには刺激と経験、勇気、友情、そして歩み続ける情熱がある。

# 27章　森の未来を考えた

アファンを育ててきた松木さん

書斎の机の前の窓越しに、再び黒姫山が見えるようになった。木の葉が半分落ちて、残っている葉も黄色か褐色のものばかりになったからだ。誰かが森でチェーンソーを使っている。その一定のリズムからすると、薪を作っているのだろう。冬に、室内で火を焚くのはいいものだ。特別な何かがあるとき、アファンセンターでは石と煉瓦の暖炉に火をおこす。アファンの森で薪を調達することができるかぎり、将来にわたってその楽しみは続くと思う。

森の管理人であるわれらが松木さんは、ぼくが一九八一年に信濃町猟友会に加わった時からの知り合いで、この物語の本当の主人公だ。彼は二〇一一年、引退して森を去った。この25年間、彼ほど一生懸命にアファンの森で働いた人はいないし、彼ほどたくさんの木を植えた人もいない。松木さんがエネルギーと知識を注ぎ込まなかったら、アファンの森はこれほど豊かにはならなかっただろう。

仲間の誰一人として、松木さんが去ることを惜しまない者はいない。でも松木さんはもう

80歳になろうとしている。今も木に登ることができるし、40代の男性並みに達者で機敏だが、ゆっくり休み、もっと孫と過ごす時間を与えられてしかるべきだ。ぼくたちが願うのは、松木さんの専門知識が必要になったり、多くの財団のメンバーが松木さんに森を案内してもらいたいと思ったりしたときに、少し時間を割いてもらうことだけだ。松木さんほど森を知っている人は誰もいない。

これからは、誰かほかの人が木を切り、丸太を引きずり、枝を叩き割り、雑草を取り、折れた枝を刈るといった骨の折れる仕事をしなくてはならないだろう。

二〇一二年の辰年に私は七十二歳になった。22歳で日本の地を踏んでから五十年目だ。私は松木さんより数年若いだけだ。実は、私も松木さんも老人なのだ。

それでも明日、木を何本か植えてくれと頼まれれば、松木さんも私も老人がそんなことをするなんておかしいとは思わない。たとえ自分の目でその木が成長するのを見届けられなくても。それは私らが将来を想像することができるからだ。今から三十年、五十年、百年後にその木がどうなっているか、私らにはわかっている。二人とも将来、森にある木々がどうなっているかを想像することができるし、そのことが喜びを与えてくれる。

ていねいに植えつけ、過去二十年以上にわたって手入れをしてきたブナの木は、高くそびえ、たくさんのブナの実を実らせるだろう。そうなればリスとクマは大喜びだ。一部の老木、とくにナラは、大きくなりすぎて幹にほらができ、そこにコウモリとフクロウが巣を作るだろう。

おとなしくて姿の美しいアイリッシュセッターだった愛犬のミーガンの灰が、ブナの木の小さい林の下に埋められていること、あるいは、私の娘のハムスターが弥生池のそばの桜の木の下に埋められているということを、誰も知らない日がいつかくるだろう。いつか、人間に関連したことの多くは、よいことであれ、悪いことであれ、忘れられるだろう。

おそらく、百年もたてば、森を散策する人は、私のことも、松木さんのことも、石井さんのことも、堤さん、河西さん、昔から私の助手を務めていたテツヤ、カナダからきたグレッグのことも知らないだろう。誰がここで働いていたかも知らず、「なんと美しい古い森だろう！　原生林とはまさにこうでなくちゃいけない」と、単純に言うかもしれない。

それも、悪くない。

葉の色が変わるほど寒くなったというのに、ぼくは窓越しに五円玉ほどの大きさの小さな蝶がひらひらと舞っているのを見た。白いものもあれば、黄色いものもあった。この寒さのなかで何をしているのだろう。外に出てみると、それは薄い黄色と赤が混じった大きな蝶で、ふわりと舞い、降り、そして飛び去り、再び戻り、ふわふわと舞っていた。ぼくは立ち止まってその様子を眺め、その蝶が秋のナラの梢のかなり高い所で何をしていたのか、考えた。

ようやくわかった。それは蝶ではなく、落ち葉が糸のついた糸まわしのようにくるくるとまわっていたのだ。緑色の葉だったときに、クモか、シャクトリムシ、その他糸を吐き出す幼虫が何かのために糸をつけた。その葉が今、枝から離れ、風に吹かれてしばらくの間、くるくると回りながら落ちていくところなのだ。

くるくると舞う落ち葉を、ぼくの脳は「蝶」だと決めつけた。近くで観察するまで、ぼくはそう信じていた。

アファンの森の将来がどうなるかを想像することも、これに似ているのではないか。ぼくは自分たちで植えた木々が大きく成長すると信じたい。ひらひらと舞い飛ぶものを、美しい蝶だと信じるように。

想像力を悪い方向に、たとえば世界的な気候変動、昆虫と真菌の被害、地震と嵐などに向けるならば、私らの森の将来の展望も暗いものになる。そんなことはしたくない。それは地獄の真実を受け入れることだ。それは、日本での自分の人生には意味や目的がなかったという考えと変わらない。そんなことは認めない。たとえ自分はもういないとしても、将来に向けてなにかすばらしいことを想像しなければならない。今、そう信じる必要がある。将来の子供たちのために。

だから、そうなってほしいことを話そう。アファンの森財団は敷地が50ヘクタールになるまで、土地を買い続ける。そうすれば、森全体がひとつにつながる。

一部の地域は「立ち入り禁止」地域にする。森の管理人と研究者だけが入ることができるという意味だ。クマやその他の野生動物は、人の影響を受けずにこの場所を使うことができる。

多くの人々が散策する地域と、立ち入り禁止地域の違いについて、研究することになるだろう。人々がアファンの森を訪れ、この森は日本中の森の手本となるべきだと話してくれた。そうかもしれないが、日本の数ある森は、その地域の気候、土壌、生態系、歴史、そして地元の人々の必要に適していることが一番いい。

私の夢は他の森林との連携を広げ、世界に協力関係を広げることだ。

想像できるだろうか？　インターネット・テクノロジーの驚くべき進歩で、森を愛し、森と関わる人々が直接、アイデアや夢、方法論、問題について直接話し合うことができるのだ。

森は未来だ。君たちが大都会に住んでいるとしても、君たちが呼吸し、ダムからの水をろ過しているのは森だ。この惑星で今のような状態で生き物が暮らすことができるのは、森のおかげなのだ。

# 最終章——アファンの森の新事業

馬を使い木材を山から下ろす

二〇一二年一一月二一日、私は今、自宅の机の前に座っている。今朝、目覚めたとき、あたりは一面に白い雪で覆われていた。正午には雪は溶けていたが、窓から見える黒姫山は白いままだ。周囲の木々は紅葉した葉を半分ほど残している。今年の紅葉は実に見事だった。アファンの森に隣接する密集したカラマツとスギの国有林の悲惨な状態はいつも気になっていた。それはケルト人の特性なのかもしれないが、私は気になることについては、いつまでもしつこく文句を言い続ける。

二〇一一年は国連森林年だった。私は国内委員会の委員になっており、ここ黒姫にあるアファンセンターで、大きな会合を開いた。林野庁長官をはじめとする委員会の方々がアファンの森を散策し、放置されたまま過密状態になった針葉樹の国有林を目の当たりにした。ついに、何か手を打たなくてはならないことが認められた。アファンの森財団と林野庁、中部森林管理局、北信森林管理署、長野県、環境工科専門学校、地元の信濃町と森林組合が集まって何度も会合を開き、最終的に27ヘクタールの国有林を共同で管理することになった。つまり、我々は専門家の助言に従って森の間伐を行い、森に光をもたらすのだ。

我々が考えているのは、この区画の森を徐々に単相林から複相林に転換していくということだ。スギとカラマツが間伐されて、森の地面にまで光が差し込むようになると、他の樹木の生育は活発になり、ナラやヤマザクラなどの落葉樹を植えたり、動物や鳥が運ぶドングリやクルミなど自生する樹木を選んで育てることができる。そうすれば残したカラマツやスギは10～20年で二倍の大きさに育つ。森の生物多様性は向上し、落葉樹の葉でよりよい腐葉土ができ、森が水を蓄える能力も強化される。スギの人工林はアファンの森のすぐ隣にあるので、野生の動物たちは開いた場所にすぐ住処を作るだろう。

昨年は岩手県の遠野から二人の若者がやってきた。遠野は馬を使って山林から木材を運び出す「馬搬《ばはん》」による伝統的な林業の伝承と普及に力を入れている。二〇〇九年に私はマネージャーや友人と共に遠野を訪れ、馬搬技術を見学した。遠野馬搬振興会の会長を務める菊池盛治氏は七十六歳にして現役の馬方で、菊池さんと馬はたった数時間で、中程度の大きさのスギの丸太40本を、雪が積もった斜面から運び出した。私は非常に感銘を受けた。

やってきた二人の青年のうち一人は菊池さんの弟子の岩間敬くん。農家の出身だが菊池さんの個人指導の下で熱心な馬搬の継承者となった。もう一人は、妻の由紀子さんと共に馬を使ったさまざまな事業を行う会社と牧場を経営している八丸健くんだ。二人は力を合わせ、馬搬技術や伝統的な馬と人間の関係を復活させることに情熱を注いでいる。

敬と健はイギリスの馬搬（ホース・ロギング）フェスティバルに参加することを考えており、その関係からイギリス育ちの私に助言を求めるために、いわば表敬訪問してくれたというわけだ。

馬と自然が大好きな数人のひねくれものがいなければ、イギリスにおけるホース・ロギングは八〇年代には滅びていただろう。イギリスでは最近では林業だけでなく、田舎のあらゆる種類の仕事で馬を使うようになっている。こうした傾向は、他のヨーロッパ諸国、特にドイツで顕著だ。カナダとアメリカでも、馬搬が復活してきている。

馬は特に植物相が危険にさらされているようなデリケートな場所で働くのが上手だ。イギリスでホース・ロギングに携わる人の話では、馬を使うと間伐に関してのトラブルや訴訟沙汰が格段に少ない。人は馬を扱っている人のそばにはやってくるが、うるさい音を立てる恐ろしげな機械を扱っている人には近寄りたがらないものだ。

イギリスのチャールズ皇太子は、常に自然保護と地方の文化の促進に尽力しており、イギリスのホース・ロギング協会を後援している。これでイギリスのホース・ロギングはさらに勢いづくだろう。皇太子の領地では、丸太の運搬や土地の耕作など様々な仕事に馬が使われている。

私はアファンの森で馬を使いたいと思っている。でもここでは1年分の材木の運搬は二週間もあれば終わってしまう。それ以外の長い間、馬をどうしたらいいのか。貸し出す？ それも可能だ。だが運送用カートを障害のある子どもたちの乗り物に転用し、馬で森の冒険に連れ出すことができれば、馬には意味のある仕事になるし、子供にとても素敵な経験になるだろう。

この地域には長年、馬でそりを引く習慣があった。それを復活することもできる。馬には治癒効果があることが知られているが、馬がそこにいるだけで、癒しの力がある。

馬は群れを作る動物で、絶え間ない世話と仲間が必要だ。アファンの森財団にとって、厩舎や納屋、パドックを用意することは難しくない。ただエサを地元で作る必要がある。この点は地元の酪農家の協力があればなんとかなる。

重要なのは、専門家が馬と共に暮らし、馬と財団のスタッフを訓練することだ。働く馬は6週間ごとに蹄鉄をチェックして交換する必要があるので、蹄鉄工も必要だ。つまり、馬と財団のスタッフは、愛情に満ちた永続的な信頼関係を築かなければならない。それには時間がかかるだろう。

ところで、例の国有林の伐採にあたって、我々は敬と健に馬たちの力を借りたいと頼んだ。十一月の第二週、木々の葉が見事な赤や黄、金色に染まるころ、馬たちはアファンの森にやってきた。

八丸夫妻は「ダイチャン」という馬と、小型のポニー「リズ」を連れてきた。敬は若い訓練師伊勢崎克彦さんと共に、サムライキングを連れてきた。彼らはトラックに移動できるパドックとエサを積み、馬が新鮮な空気を吸えるようにしょっちゅう停車しながら、やってきた。

その数週間前から、松木さんの跡を継いでアファンの森の管理人になった石井敦司は、熟練したボランティアの助けを借りて、国有林のスギを300本も間伐し、枝を払った。

私たちは馬搬を特別なイベントにして、林野庁や長野県の関係者と林業の専門家、地元の人々を招待した。馬が到着した翌朝からセミナーを開催し、センターで昼食をとった後は馬搬の実演を行った。最終日、ゲストが去った後、馬たちはたくさんの材木を運び、積み上げた。春にまた戻るという約束で、材木の半分が搬出された。

これから数ヶ月にわたって、アファンの森財団は山のような文書を処理し、搬出した木材の対価や使用法に関する取り決めをしなくてはならない。日本政府にとってはどっちに転んでも損をしない話だ。国有林は改良され、仕事をして、段取りをつけ、さらに経費をすべて払い、材木の費用も払うのはわれわれだ。

私はもう文句を言っていない。森が活動を始め、新たな成長と多様性の奇跡が展開されるなら、それが我々にとって申し分のない報酬だ。さらに重要なのは、日本の林業に携わる人々がいつか参加したくなるような、未来の可能性を提供しているのかもしれないということだ。

この年老いた赤鬼にとってはそれで十分だ。クマやフクロウ、その他の動物たちも賛成してくれるだろう。私がいなくなった後も。

**C・W ニコル**　1940年英国の南ウエールズ生まれ。17歳でカナダに渡り、北極地域の野生生物調査を行って以降、カナダ政府の漁業調査委員会技官、環境保護局緊急係官として10数回にわたって北極地域を調査。1962年、空手修行のために初来日。80年に長野県の黒姫に居を構える。86年から荒れ果てた里山を購入し、「アファンの森」と名付けて森の再生活動を実践。作家活動の傍ら、環境問題に積極的に発言し続けてきた。95年、日本国籍を取得。2002年、購入し続けてきた森の土地を長野県に寄付して「C. W. ニコル・アファンの森財団」を設立し、理事長に就任。2005年英国政府より大英勲章（MBE）を授かる。2020年病歿。主な著書に『勇魚』『盟約』『誇り高き日本人でいたい』などがある。

写真 南健二／カバー・イラスト 本田晴子

アファンの森の物語

二〇一三年二月二十日　初版第一刷発行
二〇二〇年九月十日　改訂版第二刷発行

著　者　C・Wニコル
訳　者　栗原紀子
装　丁　横山　恵
協　力　C・W・ニコル・アファンの森財団
発行者　宮島正洋
発行所　株式会社アートデイズ
〒160-0008　東京都新宿区荒木町13の5
四谷テアールビル
電　話（〇三）三三五三—二二九八
FAX（〇三）三三五三—五八八七
http://www.artdays.co.jp
印刷所　モリモト印刷株式会社
乱丁・落丁本はお取替えいたします。